BIANDIAN YUNWEI JIANXIU DIANXING JINGYAN

变电运维检修
典型经验

国网浙江省电力有限公司　组编

中国电力出版社
CHINA ELECTRIC POWER PRESS

内 容 提 要

本书结合电力企业变电运维检修专业实际，立足现场运维检修工作，聚焦运检融合新模式，通过精选国网浙江省电力有限公司优秀典型经验编制而成，突出实用性和可操作性，对现场运维操作、检修试验、运检合一提供了可供借鉴的实体案例，帮助变电运维检修人员提高工作效率，保证工作人员的安全，有效提升变电运维检修班组的安全管理水平。

全书共分三篇，第一篇为变电检修典型经验，包含设备检修、检测工器具类和检修管理类 30 例典型经验；第二篇为变电运维典型经验，包含操作工器具类和精益化管理类 8 例典型经验；第三篇为运检融合典型经验，包含3 例典型经验。

本书内容力求深入浅出，图文并茂，可供电力企业从事电网变电运维和检修工作的技术及管理人员使用，也可供变电运维检修专业新进员工学习培训。

图书在版编目（CIP）数据

变电运维检修典型经验 / 国网浙江省电力有限公司组编 . —北京：中国电力出版社，2022.6（2023.9重印）
ISBN 978-7-5198-6674-7

Ⅰ．①变…　Ⅱ．①国…　Ⅲ．①变电所－电力系统运行②变电所－检修　Ⅳ．① TM63

中国版本图书馆 CIP 数据核字（2022）第 058754 号

出版发行：中国电力出版社
地　　　址：北京市东城区北京站西街 19 号（邮政编码 100005）
网　　　址：http://www.cepp.sgcc.com.cn
责任编辑：穆智勇　柳　璐
责任校对：黄　蓓　马　宁
装帧设计：赵丽媛
责任印制：石　雷

印　　刷：北京九州迅驰传媒文化有限公司
版　　次：2022 年 6 月第一版
印　　次：2023 年 9 月北京第二次印刷
开　　本：787 毫米×1092 毫米　16 开本
印　　张：8.75
字　　数：184 千字
印　　数：1001—1500 册
定　　价：48.00 元

编委会成员

主　　编　张　弛

副 主 编　钱　平　乔　敏　徐　华　张　永

编 写 组　吕红峰　邵　瑛　卞寅飞　何佳胤　蒋　勇

　　　　　陈士龙　周鹿鸣　戚正华　蔡继东　郭　鹏

● 前 言

"十四五"规划和 2035 年远景目标纲要擘画了高质量发展的宏伟蓝图，开启了全面建设社会主义现代化国家新征程。加快发展现代产业体系、巩固壮大实体经济根基，离不开现代能源体系的有效支撑。电力系统作为现代能源体系中的重要一环，提高其安全风险防控能力成为国家电网有限公司战略体系重要内容。变电运检正是保证电力系统安全可靠运行的重要业务，其高效、精准地开展离不开技术创新。

为了进一步优化传统变电运维、检修工作模式，提升变电人员管理能力和技术水平，提供更优质可靠的电力服务，更好地服务经济社会发展，特组织相关专家精选国网浙江省电力有限公司及各地市公司运检工作中优秀的现场作业、管理经验汇编成册。

本书按照《国网浙江省电力有限公司变电专业典型经验评选办法》开展优秀典型经验编纂工作，共分三个阶段。

第一阶段为广泛收集阶段。发动各地市公司及所属县供电公司基层运维、检修单位，结合近年来在变电设备运维检修管理和实践工作中的新举措、新办法、新工艺，提炼、收集具有典型性的经验案例，共计 99 篇。

第二阶段为专家评审阶段。国网浙江省电力有限公司设备管理部组织全省供电企业资深运维检修专业专家对各单位推送的 99 篇典型经验进行集中评审。评审专家从内容的广泛性、代表性、科学性等方面进行论证，优选出 55 篇作品。

第三阶段为修订成稿阶段。国网浙江省电力有限公司培训中心浙西分中心成立编写组后，对优选的 55 篇典型经验组织专家进行多次的内容查证、修编、审核，最终核定 41 篇作品纳入汇编。

全书共分三篇，第一篇为变电检修典型经验，第二篇为变电运维典型经验，第三篇为运检融合典型经验。

变电检修典型经验包含检修工艺、装备和管理案例。检修工艺、装备的典型经验包含二次隔离插件、遥控装置、多合一仪器、便携式工具、吊装工具、堵漏技术等主题，这些典型经验的应用可以在一定程度上提升检修效率，降低检修成本。检修管理的典型经验包括综合检修、精益化检修、检修计划、标准化作业、防汛防台等主题，这些经验可以在较大程度上提升管理效率,解决管理难题。

变电运维典型经验包含运维工具案例和现场运维管理案例。运维工具的典型经验有螺旋式接地线导体端限位器的研制及应用等; 现场运维管理的典型经验包括设备主人制、运检合一、精益化管理、创新倒闸操作管理模式、防误管理等主题,这些经验通用性强,有效解决运维管理难题,提升工作效率。

运检融合典型经验取自于各地市公司在运检合一管理模式创新过程中总结出的管理经验,进一步优化变电专业人力资源配置,促进变电业务提质增效。

本书由变电运维检修专业一线岗位的资深技术管理人员以及多年担任变电运维检修技能竞赛的教练人员编写,理论知识扎实、技术功底过硬、管理经验丰富。在编审过程中,专家们以高度的责任感和严谨的作风,几易其稿,多次修订才最终定稿。本书得到了公司领导的全力支持和系统内专家的精心指导,在本书即将出版之际,谨向所有参与和支持本书籍出版的各地市公司表示衷心的感谢!

由于编写人员水平所限,书中难免有疏漏和不足之处,敬请广大读者批评指正。

编　者

2022 年 6 月

目　录

第二篇 变电运维典型经验 ……………………………………… 92

第三篇 运检融合典型经验 ……………………………………… 119

第一篇

变电检修典型经验

1-1 新型校验仪在断路器二次反措中的实践应用

一、背景及概述

断路器二次回路反措是《国家电网公司十八项重大反事故措施》的重要内容，主要包括断路器防跳功能验证试验和三相不一致时间测量试验。防跳功能或三相不一致时间继电器异常可能导致断路器不正确动作，扩大停电范围，造成重大经济损失。因此，做好断路器防跳功能验证和三相不一致时间整测量试验，对于保障断路器正确动作，维护变电站的安全稳定运行意义重大。目前，由于市场上不存在专门用于这两个试验的装置，继电保护人员主要采用两人配合，人工作业的传统试验方法。

1. 防跳功能验证试验

防跳功能验证试验传统方法采用人工短接接点法，该方法由两人操作、相互配合。当断路器处于合位状态，首先由一名操作人员用试验线短接合闸接点（见图 1-1），然后另一名操作人员用试验线短接分闸接点（见图 1-2），两个操作人员保持接点短接状态，此时如断路器动作分闸，并保持在分位状态，则防跳功能正常，否则防跳功能异常。

图 1-1 一人先短接合闸接点

图 1-2 另一人再短接分闸接点

假如试验前的断路器的初始状态为分位状态，操作人员则先短接分闸接点，再短接合闸接点，此时断路器先动作于合闸，再动作于分闸，最后保持在分位状态，则防跳功能正常，否则功能异常。

2. 三相不一致时间测量试验

三相不一致时间测量试验传统方法采用后台报文计时法，该方法同样需要两人相互配合，一人在户外操作断路器动作，另一人在户内后台查看相关动作报文，利用报文时间计算三相不一致时间（见图 1-3）。

图 1-3　一人户外操作，另一人户内查看报文

3. 传统试验方法缺陷

利用人工短接接点法进行防跳功能验证方法，存在以下缺点：

（1）需要两个操作人员配合，无法单人操作进行试验；

（2）人工短接接点，安全性低，有触电的风险；

（3）短接不牢靠，配合不默契，试验容易失败，重复作业导致作业时间长。

利用后台报文计时法进行防跳功能验证方法，存在以下缺点：

（1）需要两个操作人员配合，无法单人操作进行试验；

（2）后台报文刷新速度快，报文数量多，寻找相对应的两次报文不便捷；

（3）部分老变电站报文没有 SOE 时间，无法使用该方法进行时间测量；

（4）无法户外现场计时，借助后台报文，但年检中涉及后台工作较多，无法随时使用后台，常常需要等待。

针对断路器二次回路反措试验传统试验方法效率低、安全性差的问题，研发新型校验仪，提升试验效率与安全性。

二、具体做法

1. 提出思路

新型校验仪主要功能如下：

（1）可以发出断路器动作命令，也可以接收断路器反馈的动作信号，通过试验线将合闸、分闸接点引至校验装置，通过程序来控制合闸接点、分闸接点导通的先后顺序。防跳功能验证试验接线如图1-4所示，假如当前断路器处于分位状态，校验仪处理器固化程序先控制分闸接点导通，经过预设延时（可以通过按键进行调整），再控制合闸接点导通，从而替代两个操作人员人工短接接点，完成防跳功能验证试验。

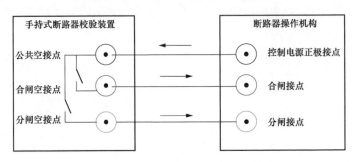

图1-4 防跳功能验证试验接线示意图

（2）具备智能计时功能，发出断路器动作命令后，自动开始计时，当接收到断路器反馈的三相不一致动作信号后，自动停止计时，从而完成时间测量。

（3）操作人员可以通过按键选择不相同的试验项目和试验方法，一人手持操作，按键触发试验，由程序驱动装置自动完成试验。

2. 确定方案

新型校验仪的主要组成部分机器功能包括：①人机交互用于按键选择试验项目和试验方法，同时液晶显示时间测量结果；②CPU用于固化程序，驱动校验自动完成试验；③输入输出回路，用于输出合闸、分闸命令，还用于接收断路器动作信号；④时钟系统用于智能计时功能；电源为各模块提供电力。

3. 方案实施

新型校验仪实物如图1-5所示，同时为校验仪配备收纳包（见图1-6），包内有带插头的专用试验线、电源充电器、线夹、螺纹插针，适用于各种类型的接线端子排。该新型校验仪通过第三方专业机构检测，检测结果合格。

图1-5 新型校验仪实物

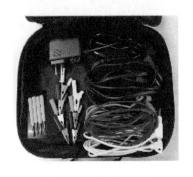

图1-6 校验仪收纳包

三、取得成效

该装置在 220kV 仙桥变电站、温泉变电站、石金变电站、东阳变电站等 17 间隔进使用传统试验方法和新型校验仪进行了对比试验，对比数据如表 1-1 所示，试验一为防跳验证试验，试验二为三相不一致时间测量试验。

表 1-1   断路器二次回路反措试验作业时间统计表

变电站	间隔名称	常规试验方法作业时间（min）		使用新型校验仪作业时间（min）	
		试验一	试验二	试验一	试验二
仙桥变电站	仙灵 2Q08 开关	17.2	9.0	6.4	1.0
	双仙 2378 开关	21.7	5.0	6.4	1.0
	桥塘 2Q19 开关	14.2	10.4	6.7	0.9
	仙塘 2U54 开关	14.9	10.2	7.1	0.9
温泉变电站	枫温 24P5 开关	18.0	7.2	7.0	0.9
宗泽变电站	西宗 24B5 开关	18.1	11.5	6.7	0.8
	西泽 24B6 开关	15.8	10.9	6.8	0.9
	220kV 母联开关	16.4	8.9	6.7	0.9
	1 号主变压器 220kV 开关	16.8	8.8	6.6	1.0
	2 号主变压器 220kV 开关	10.9	10.4	6.6	0.9
石金变电站	石东 2Q29 开关	10.4	15.5	6.7	1.0
	220kV 母联开关	12.4	13.4	6.7	0.8
东阳变电站	东桐 2346 开关	18.6	6.9	6.6	0.9
	东鹤 2380 开关	13.7	12.1	6.9	0.8
	1 号主变压器 220kV 开关	18.8	6.6	6.5	0.9
	2 号主变压器 220kV 开关	18.0	8.5	6.5	0.8
	东大 2337 开关	8.8	16.7	6.8	1.0
平均值		15.6	10.1	6.69	0.91
总平均作业时间		25.7		7.6	

对新型校验仪取得的成效进行工作效益和安全效益方面的分析。

（1）工作效益方面：

1）释放检修力量：原来需要 2 名操作人员完成断路器二次反措试验，利用本装置只需要 1 名操作人员。

2）提高工作效率：同一间隔，使用常规方法需要 25.7min，而使用本装置只要7.6min，缩短 58.8%，将工作效率提高了 238%。

（2）安全效益方面：

1）使用装置代替人工作业，改善作业环境，避免操作人员使用短接线触电的风险，提高了试验安全性。

2）减少作业人数，降低安全风险，杜绝了两名作业人员由于配合不当而重复试验导致的心理焦虑。

四、推广价值

新型校验仪已经过国网浙江省电力科学院第三方专业检测合格。作为研发成熟产品，新型校验仪解决了传统试验方法效率低、安全性差等难题，减少了试验所需的操作的人员数量，在检测工作效率上有质的飞跃，对电力检修、电力安装单位等有实用推广价值。

1-2 主变压器特性试验综合测试仪的研发与应用

一、背景及概述

主变压器检修工作中，特性试验用时占整个试验用时的 69.33%，其中接线步骤用时最长，试验人员需要反复上下主变压器本体及吊机多次完成试验接线与短接线的拆接工作，工作强度大。

为解决主变压器特性试验换线用时过长的问题，浙江省电力有限公司金华供电公司变电检修中心从简化试验接线角度，先期开发了集成式试验接线盒，其后对成果进行了升级改进，通过摸索、试用、改进到最后实现现场推广应用。该主变压器特性试验综合测试仪只需一次接线即完成所有特性试验项目，可以大大提高主变压器试验效率，减少人员劳动强度，有效解决人员因为试验接线更改而经常上下主变压器造成的工作疲劳问题，减少登高安全隐患，有利于现场工作的安全把控。

二、具体做法

金华供电公司变电检修中心自主研发了主变压器特性试验综合测试仪，通过中央芯片发出指令控制其他元器件动作，实现变更试验接线，切换试验项目，并通过液晶屏显示，高效快捷。内置试验接线切换继电器，通过吸合继电器实现变压器三相间的短接、接地、悬空等功能。

综合测试仪操作面板如图 1-7 所示。

该测试仪具备以下功能：

1. 集成化接线模块

主变压器三侧接线一次性引下，接在变压器接线区域，试验仪器的接线则从仪器接线区引出。一次接线完成后无需再次变更主变压器侧接线，大幅减少登高次数。试验项目一键切换，可在测试仪功能选择区点击选择试验项目及被试相别，一键完成接线方式的切换。

（1）试验项目选择。综合测试仪内置有载分接开关动作特性、高-中短路阻抗、高-低短路阻抗、中-低短路阻抗、中压侧直流电阻、低压侧直流电阻、高压侧直流电阻 7 个测量项目。试验项目选择确定后，通过 STM32F 型中央芯片发出指令控制其他元器件动作实现接线的变更，并通过液晶屏显示。

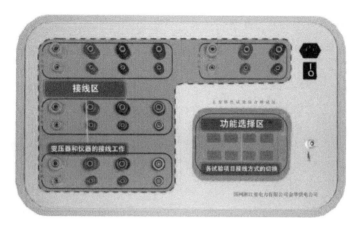

图 1-7　综合测试仪操作面板

（2）试验接线切换。综合测试仪内置了试验接线切换继电器，当继电器控制单元收到相应试验项目执行指令后，通过吸合实现变压器三相间的短接、接地、悬空等功能。切换电路如图 1-8 所示。

2. 实时监测试验电流

部分试验仪器在测试过程中没有电流显示，为了监视整个试验过程中电路的稳定情况，综合测试仪还额外设计了电流监测功能。考虑到该电路并不计入最终的试验数据处理，因此设计的采集精度不需要很高，本装置设计的电流检测精度为 $\pm 1\%$，检测电流范围为 500mA～50A，并同时具备交直流检测能力，通过电流检测传感器 HBC-LSP 元件及 AD7705 转换芯片实现电流模拟量的数字化并最终显示在屏幕上，其原理图如图 1-9 所示。

三、取得成效

现场使用测试仪时（见图 1-10），测试仪与试验仪器、主变压器相连后，选择相应的功能，即可实现试验接线的变更并开展测试工作。

据统计，使用综合测试仪之后，上下主变压器次数由 16 次减少到 4 次，试验接线用时由 184min 减少到 51min，降幅达 83%。单台 220kV 主变压器试验用时减少 2.15h，特性试验用时减少约 54%。

该测试仪大幅缩短了试验用时，并且减少了反复登高带来的高坠风险，降低劳动强度，取得了良好的安全效益。

四、推广价值

测试仪通过了国网浙江省电力科学院等专业机构的检测认证，完全能够满足现场测试的需求。

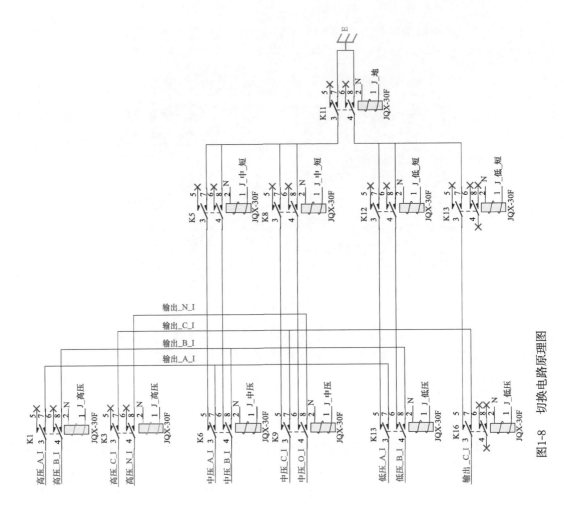

图1-8 切换电路原理图

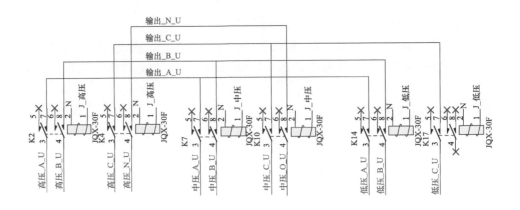

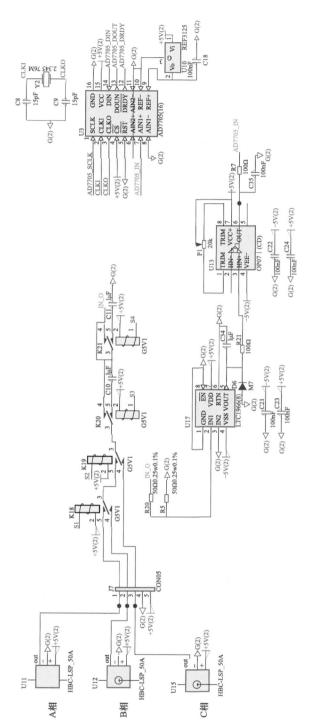

图1-9 电流采集单元原理图

图 1-10　现场使用图片

自 2018 年 9 月，该综合测试仪在国网浙江省电力有限公司××供电公司试点应用，在 220kV 曹家变电站、望道变电站检修中都起到了良好的效果。目前被多支试验团队在多个工程项目中投入使用，取得了良好的反馈，能广泛应用于发电厂和变电站等各种型号的变压器，获得了各部门的一致认可。

该测试仪不仅取得了良好的经济效益，而且使用时无需额外采购试验仪器，也无需在主变压器上安装任何配件，就能够适配各电压等级的变压器，真正做到了即插即用，可以应用于电网中各级变压器，具有广阔的应用前景和极强的推广价值。

1-3　一种新型的变压器油泄漏监控系统

一、背景及概述

近年来，变压器渗漏油事件频繁发生：2015 年 5 月 9 日，美国纽约州印第安角核电站 3 号反应堆变压器出现故障引发火灾，变压器内的油于 5 月 10 日泄漏流入哈得孙河，造成大面积河流污染；2018 年 3 月 23 日，浙江某 500kV 变电站 3 号主变压器 2 号低压电抗器开关故障，造成主变压器三相散热片破裂喷油，外漏油流出变电站后经过两条总长约 4km 的村落沟渠，约 1.5km 范围地表水体受到较严重油污染，造成水源取水中断。

回顾这些事件，发现从电气设备漏油事件转为环境污染事件的过程中，由于变电站（发电厂）缺乏有效的漏油监控装置，全过程无监控装置及告警手段，一旦事故油池干涸、满溢或泄漏油直接进入雨水管道，就会排放到站外，造成严重的环境污染，进而引发一系列社会问题，同时也对电网企业形象造成不可挽回的损失。

为解决上述变压器等设备油泄漏发现不及时、依靠人工到现场确认、处置过程耗时长等问题，国网浙江省电力有限公司××供电公司融合大数据时代各种新技术，研制出一套能及时、准确、灵敏地监测漏油并能实施自动控制的智能化装置，防止漏油事件进一步扩大而影响设备安全和周边生态环境。

二、具体做法

1. 安装油污监测装置

研制一套油污监测装置，实时监测关键节点如水封井、事故油池和雨水管道内是否出现油污成分。通过多次实验发现，油水混合物的电导率明显大于雨水或地下管道流水的电导率。由于油比水轻，油浮于水面，该装置浮于水面时，用三副探针监测水面部分液体电导率以判断液体表面是否出现油污成分，该装置告警，则表明站内有设备发生油泄漏，并且泄漏油已流到监测点。油污监测装置如图 1-11 所示。

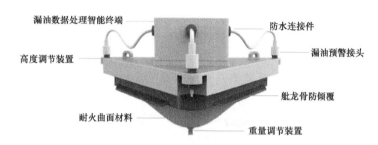

图 1-11　油污检测装置结构图

该装置采用舭龙骨设计，实现整体装置的防倾覆功能。其下部采用仿鱼鳍形曲面设计、流线设计，可以最大限度减少水流阻力和波动的影响，通过底部的重量调节装置来增加吃水力度，保证探针始终浸没在液体表面下。一旦监测到有油污，装置发出告警信号。

2. 安装水位监测装置

水位监测使用专用水位监测仪，主要用于：监测水封井水位，保证水封井对起火燃烧的油流可靠灭火后进入事故油池；监测事故油池水位，确保事故油池油水分离功能正常，同时也确保油污监测装置探针始终处于液面以下。

3. 设计油污监测装置布置方案

选择在 220kV 汤溪变电站进行试点应用，根据上、下水道布置图，选择 4 个监测点安装油污监测装置，分别是 1 号主变压器水封井、事故油池、总排口上游的两路分支检查井，如图 1-12 所示。

通过这 4 个监测点，可以实现对变电站漏油实时监测。通过 RS-485 总线将监测信息上送至智能物联网关，汇集数据至平台服务器，自动采取告警或告警加封堵。

4. 设计事故油池容量不足和非正常流经直接外排解决方案

根据汤溪变电站排油流经图可知，事故油池容量不足和非正常流经直接外排情况下均会导致泄漏油通过雨水管道排放到变电站外，而增加事故油池容量的方法工程量大，会占用变电站内有限的占地面积，经济性能较差；变电站充油设备数量多，分布广，非正常流经的改进可行性不高。因此，在站内排水口上游安装阀门将泄漏油堵截在站内，再调用专用的吸油罐车将油收集处置是最简单、有效的方法。

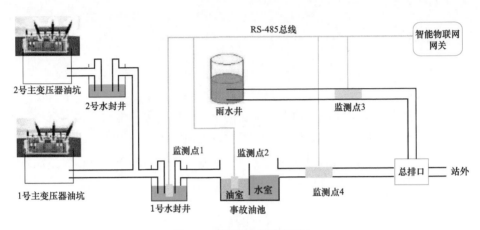

图 1-12　装置工作示意图 1

根据汤溪变电站上、下水道布置图，选择在总排口上游最靠近总排口的管路中串接手动/电动控制蝶阀，接收到油污监测装置的关闭信号时快速关闭阀门，如图 1-13 所示。

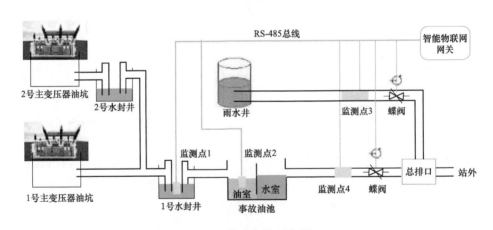

图 1-13　装置工作示意图 2

蝶阀具备手动和自动两种模式：

（1）手动模式为运维人员远程告知现场保安，并由保安启动。

（2）自动模式为当油污监测装置监测到有油污时，发出告警信号和控制信号，关闭蝶阀。当自动蝶阀接收到关闭的信号时，只需要 15s 的时间就可以完全闭合。

三、取得成效

国网浙江省电力有限公司××供电公司变电运维中心在 220kV 汤溪变电站试点运用

油泄漏监控系统，取得成效如下：

（1）实现三种油泄漏场景，多功能满足漏油监控策略。

1）场景一：当只有水封井探测到漏油，则智能网关启动本地声光报警，同时将报警信息推送到后台，报警信息由指示灯＋喇叭组成（该报警可本地或者远程关闭）。同时，网关向后台推送报警信息，后台人员以及运维人员能第一时间获得相关信息。

2）场景二：当水封井、事故油池都探测到有油污时，总排口处没有检测到漏油，则智能网关启动本地声光报警，同时将报警信息推送到后台，并且询问是否需要自动关闭电动，当无应答时，自动启动智能封堵设备。

3）场景三：当水封井、事故油池和雨水井至总排口、事故油池至总排口的两个监测点探测到有漏油现象，则智能网关立即启动告警并关闭阀门，将油封堵在站内，同时将信息发送给后台。

（2）实现变电站泄漏油的实时监测和远方快速控制。在使用变电站油泄漏监控系统后，发现漏油的平均时间减少至 2.4min，实现了实时监测和及时告警。漏油的平均监控时间为 3min，远远小于人工处理的 70min，成功实现防止泄漏油外排，消防了因变电站设备油外泄造成的环境污染隐患。

（3）系统的成功投运，创造极大的综合效益。

1）安全效益。主要有两点：①变电站智能漏油监测装置的在线监测与远程管控，减少因变电站漏油而赶赴现场检查的出车次数，降低行车过程中的意外发生，减少车辆管理安全风险；②杜绝因漏油监视不及时导致的恶性环保事件，也大幅提升了充油设备状态安全管控能力和环保可靠性，显著提高电网的供电可靠性和安全稳定运行。

2）经济效益。综合考虑直接产生的经济效益、间接产生的经济效益、未来推广的经济效益、环保效益，该系统每年将产生经济效益近 300 万元。

3）技术效益。在省内首次研制的智能油污监测装置具备仿鱼鳍式浮标型设计、三级漏油预警、漏油在线监测三个技术特点。以油污监测装置为核心，围绕现场、主控室、移动终端三项终端，通过串接快速揭发，构建变电站泄漏油监控系统，对变电站事故排油系统、雨水系统、运行环节多维度实时监控，杜绝发生因变电站设备漏油外排导致的环保事件。

四、推广价值

国网浙江省电力有限公司××供电公司变电运维中心已研发成熟的产品，并经国家工程复合材料产品质量监督检测中心检测合格。目前，项目已授权"一种变电站的漏油监测系统和事故油池结构"等 6 项专利，多次获得各类奖项。

油泄漏监控系统是实现变电站环保要求的重要一步，通过在 220kV 汤溪变电站的试点应用，证明该系统具备性能可靠、适用性强、经济性好、简单方便等优点，具有极高的推广应用价值，不仅可在电力行业推广使用，还可推广至石油化工等相关企业。

1-4 集成式直流绝缘监测装置测试仪的研究与应用

一、背景及概述

直流绝缘监测装置能实时反馈直流系统运行状态，它的正常运行对变电站安全稳定运行至关重要。

实现直流绝缘监测装置测试安全高效主要面临三大难题：

（1）工作量大且所需测试装置繁杂，缺乏先进可靠的测试设备，多次拆接线导致工作效率低。

（2）测试过程存在诸如中对变电站保护装置、一次设备、通信设备造成运行风险，对人员人身安全造成威胁等安全风险。

（3）目前测试精度较差，误差高达10%，无法精准判断装置实际状态。

针对这一实际需求，团队成员开展深入调研和探讨，研制出一款新型集成式直流绝缘监测装置测试仪，实现直流绝缘监测装置测试过程安全、准确、高效。

二、具体做法

1. 发明直流绝缘监测装置多功能测试仪，优化测试工作流程

直流绝缘监测装置具备绝缘报警/预警、母线电压异常告警、母线对地电压位偏差告警、交流窜入告警、直流互窜告警、交流电压等报警功能，测试仪应具备的基本功能模块应包括交流模块、直流模块、电阻模块、电容模块等，实现可调交流分量输出、可调直流分量输出、接地模拟电阻输出、电容输出等功能输出，实现直流绝缘监测五大报警功能参数定值如交流窜入定值校验、不同馈线正负两点平衡接地定值校验等19项内容的测试。

原始测试时，针对各项不同测试项目需准备各种测试设备和元器件，测试装置繁多。本测试仪是根据满足变电站直流系统绝缘监测装置技术规范要求，并确保测试工作的正确性、安全性、高效性，将五大模块智能优化集成于一体研制出安全高效的多功能测试仪，实现一台测试仪一次拆接线完成全部测试内容，拆接线次数降低至1次，调试工作效率大大提升。使用本测试仪后，工作现场整洁，工作效率大幅提升，220kV新变电站投产校验时间由7天缩短为3天，220kV变电站每年定检时间由4天缩短为2天。测试仪使用前后对比如图1-14所示。

2. 多维度安全管控技术，确保测试工作全流程安全

针对测试工作安全风险问题，考虑增加多重过载保护措施，实现对测试仪自身的保护；增加电容器放电功能以防止人身伤害；通过全流程电压监视与接地电阻限位防止直流系统两点接地，采用交直隔离技术解决无法带电测试交窜直告警功能，形成覆盖人身、电网、设备的多维度安全防护体系。

（1）交流模块安全防护技术。交流模块主要采用的保护器件有电源熔断器、隔离变压

器、隔离电容器、保护电阻、放电开关，原理如图 1-15 所示。

图 1-14　测试仪使用前后对比图

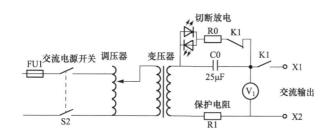

图 1-15　交流模块原理图

自耦调压器调节输出电压，限制最大输出电压，防止误加高电压导致开关误跳或保护误动、拒动；在交流模块的自耦变压器后加入隔离变压器，将电的联系转化为磁的联系，隔离变压器二次侧任意线与地之间不存在电位差，保护了人身安全；设计交直隔离电容 C0 和保护电阻 R1，能够有效防止直流电传入隔离变压器导致隔离变压器烧毁；交流输出停止后，继电器 K1 的动断触点闭合，使得电容器放电回路自动导通，释放电容器 C0 上的残余电荷，保护人身安全；FU1 为交流输出部分电源熔断器，防止相间短路烧毁交流电源。

（2）电阻模块安全防护技术。电阻模块通过集成电压监测功能实现全过程电压监视，在进行测试前，首先对正负母对地电压进行查看，当电压值较正常值偏差过大，说明系统存在绝缘不良情况，应立即停止工作并查找异常原因。电阻模块原理如图 1-16 所示。

此外，如果工作人员不注意直接使用导致接入系统电阻过小造成直流接地，

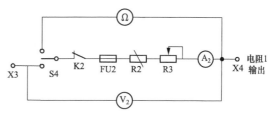

图 1-16　电阻模块原理图

会造成设备元件烧坏或者引起短路问题，存在安全隐患，设置最小接地电阻 15kΩ，防止直流接地的发生。

（3）直流模块安全防护技术。直流电源模块使用时，直流绝缘监测装置与直流系统脱开，因此无需考虑对直流系统的影响，仅考虑对测试仪自身的防护，设置 FU4 直流电源熔断器，防止烧毁直流电源，其原理如图 1-17 所示。

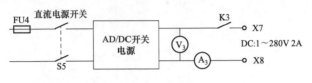

图 1-17　直流模块原理图

（4）电容模块安全防护技术。电容模块主要考虑电容器残余电荷对电容表和人身的危害，为此设置主动放电按钮和受切换开关和时间继电器控制的电容自动放电回路，其原理如图 1-18 所示。

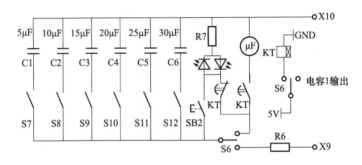

图 1-18　电容模块原理图

3. 采用高精度测试模块，实现项目精准测试

测试仪各模块采用的高精度元器件，其输出接口采用标准化输出接口，实现标准化输出确保输出精度；采用高精度测量仪表实时监测输出数据，通过可视化实现人机交互，便于测试人员对比测量结果是否正确、是否一致，提高测试准确度与效率，实现测试误差从 10% 降低至 1% 以内。

三、取得成效

220kV 共建变电站直流双重化改造投产校验时间由 7 天缩短为 3 天，220kV 变电站每年定检时间由 4 天缩短为 2 天，大大提升了测试工作效率。

测试仪自 2019 年 9 月起已在国网浙江省电力有限公司××供电公司全面推广应用，在消除安全隐患、优化现场工作流程有效规避测试工作现场安全风险，保障人身、电网安全，带来了巨大的效益。测试仪投入使用后，工作效率提升，测试误差降低，能够实现带电测试，成效显著。

四、推广价值

本测试仪已研发成熟的产品，并经第三方权威机构——杭州群特电气有限公司检测中心检测合格。测试仪已在国网××供电公司范围内推广应用，显著提高了工作效率，减少停电时间，节省大量的人力物力。成果申请了发明专利和实用新型专利，具有极高的推广应用价值，可在电力行业全面推广使用。目前已纳入"国网浙江省电力有限公司 2019 年度优秀质量管理成果推广应用目录"，可用于不同电压等级不同厂家装置测试工作，可复制性好，易于推广，具有极高的推广应用价值，可在电力行业全面推广使用。

1-5　变电站智能光纤标识系统的研制与应用

一、背景及概述

目前，智能变电站中光纤标签依然采用常规变电站电缆号牌的标识方法，只能反映出简单的物理链路关系，运行维护水平较低。主要存在两方面问题：一是智能变电站光纤回路及其承载的回路信息无法以直观的方式展现给运行检修人员，这给检修工作带来了诸多不便；二是智能变电站光纤回路的标签标识方式没有统一的规范标准，不利于设计、施工、检修等工作的要求。

针对上述问题，利用二维码作为一种方便的数据存储模式，它具有信息量大、译码准确、安全性高、识读快速等优点，运用到光纤识别上，应该会有非常好的效果。基于此设计了一种基于二维码技术的智能光纤标识系统，该套系统主要包括光纤标识系统配置模块、光纤标签的二次可视化模块，以及光纤编码和二维码标签编码规则。

该系统为智能变电站的现场二次工作带来了很大的便利，解决了传统光纤标识方法难以获取二次回路信息的问题，极大地提高了施工、检修效率，实现了智能变电站二次设备物理链路和虚回路之间的虚实对应，实现了对智能变电站光纤数字化标识的目标。

二、具体做法

研制变电站智能光纤标识系统主要工作内容包括：①研究智能变电站光纤配置方法、光纤标签制作方法，研制智能变电站光纤配置工具；②研究变电站光纤标签内容，以及变电站光纤标签以及二维码生成格式，光纤数据库内容和格式；③研究变电站智能光纤验收技术。

1. 光纤标识系统配置方法研究

所研究的基于二维码技术的光纤标识系统的配置模块能对全站光纤信息进行可视化配置，其总体框架如图 1-19 所示。

导入相应的 SCD 文件后可实现光纤虚实回路的自动匹配，自动形成光纤链路表，实现光纤虚实回路信息的自动配置，从而简化光纤信息配置流程。再将配置的光纤信息入库到相应的数据库中，实现光纤信息的标准化配置和入库。其标准化配置是在基于 Windows

平台的光纤配置工具上完成，如图 1-20 所示。

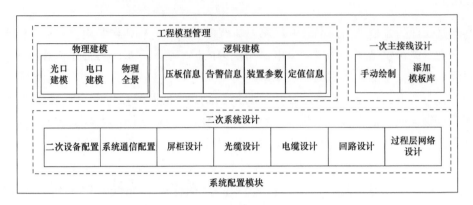

图 1-19　光纤标识系统配置模块总体框架

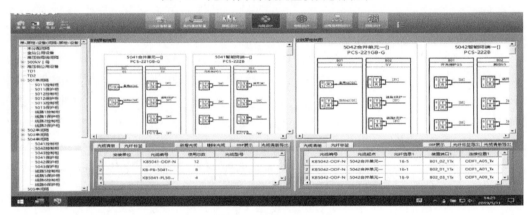

图 1-20　光纤配置工具

2. 二次可视化系统研究

基于 Android 系统开发二次可视化软件，通过移动终端进行二维码查阅光纤信息，便于运维和检修人员快速查找相应的光纤信息，实现对光纤信息的管理与维护。主要包括以下 3 个方面的功能：

（1）二维码扫描功能。二维码扫描模块用于直接定位查阅的具体对象，通过光纤上的二维码标识查阅本条光纤的详细信息。二维码扫描的对象包括光纤、光缆、尾缆、装置。

（2）屏柜信息可视化功能。屏柜信息可视化包含正面图、背板图、线缆清册。

（3）SCD 可视化功能。SCD 图形可视化可按 IED 类型、电压等级或间隔类型对 IED 进行排序，支持 SCD 文件以逻辑链路图、虚回路图的方式进行可视化。

通过二次可视化系统展示光纤回路中的完整回路以及光纤回路中对应的虚回路信息，便于检修人员快速理解现场光纤的实际连接情况，从而大幅减轻现场工作人员工作量。

3. 二维码标签编码规则设计

本项目提出了光纤标签内容格式规范，包括光纤标签内容、变电站光纤标签、二维码生成格式，以及光纤数据库内容和格式。统一了变电站中光纤标签内容格式，同时对变电站每一对光纤进行贴上唯一电子标签二维码。包括：

（1）光缆标牌信息规范。标牌记录了光缆编号、光缆类型、使用及备用芯数、光缆长度、本端屏柜及设备编号、对端屏柜及设备编号，记录的信息以等间距排列为四行，如图 1-21 所示。

（2）纤芯标签信息规范。标签双面记录起始端、终止端、跳纤（或尾缆纤芯）编号信息，记录的信息以等间距排列为三行，如图 1-22 所示。

图 1-21　光缆标牌信息规范　　　　　图 1-22　纤芯标签信息规范

（3）二维码存储信息规范。制定二维码存储信息规范，规定光纤二维码制作格式，保证二维码的安全性。

模版制定完成后，在调度自动化主站系统中实现对变电站各个标牌、标签对应二维码进行统一的维护，为二维码的现场应用提供管理支持。

三、取得成效

本项目通过一种智能变电站光缆标牌、尾纤标签的标识方法，设计了标签、标牌的统一样式，制定了二维码存储信息规范，并对二维码标签标牌的编码、生成、解析方法进行了研究。通过手持式移动设备对二维码扫描解析，可即时实现对智能二次设备对应物理链路的展示。同时可与二次虚回路实现虚实对应，可视化显示出光纤传输信息。

本系统能够帮助检修人员快速确定光纤的具体功能，将单个标签识别时间由原来的近 5min 缩短至 2s，工作效率大幅提高。相比传统的功能单一的标签标牌方式，智能变电站智能光纤识别系统明显大幅提升了工作效率，并大幅提高了读取标签信息的准确率。

本系统能辅助工作人员进行光纤走向和功能确认，缩短设备停电时间，减少因停电造成的经济损失；还可帮助检修人员进行光纤确认和故障排查，减少了故障误诊断情况，提高安全效益。

除此之外，实现标准化后，还具备了以下优点：

（1）实现光纤标准化设计，建立光纤标准化数据库，便于后期运维检修人员的管理和查阅。

（2）实现现场光纤标签标准化，便于现场工作人员对现场的了解，实现智能变电站的光纤信息的精细化管理。

（3）基于标准化设计与标准化实施的光纤信息，可以有效开展光纤设计与现场一致性校验，保证现场光纤信息的准确率，提高了现场工作人员的运维效率和检修效率，提高了安全效益。

（4）智能变电站的光纤标签标准化建设有利于变电站信息的统一管理，采用标准光纤数据库代替传统的光纤图纸，便于后期变电站光纤信息的管理和维护，极大降低后期各变电站光纤信息的管理成本。

四、推广价值

本系统可扩展性好，对于今后标准化建设的智能站，只需具备变电站二次设备基本信息（如 SCD 文件、光缆清册、装置名称型号等信息），就可方便地生成与该智能站一致的模型，该模型可与其 SCD 文件一一对应起来，最终实现对全站光纤进行有效的标识，今后利用扫描设备就可以为运维检修人员提供很好的辅助。本系统可推广至各浙江省乃至全国的智能变电站中应用，具有良好的应用前景。

1-6　高压断路器试验智能检测研究与应用

一、背景及概述

高压断路器试验工序繁多，包含人工接线、测量、储能等 17 道工序，单断路器单次试验时间平均长达 65min，试验结果有时还存在误差需要多次试验，一次试验正确率仅为 88%，效率受到极大制约，准确性也有待提高。并且在试验过程中，在夹接导线、人工解锁、人工储能等一系列工作中存在机械伤人、触电等风险。在这一背景下，提出高压断路器智能检测技术，实现由人工检测走向智能的变更。

二、具体做法

（1）设计了高压断路器一体式检测装置，将检测需要的分合闸试验回路、解锁装置、测量仪表等元件整合在一套装置中，将多次重复的人工接线优化成一次性的二次转换装置接线，达到一次接线、一次按键即可完成对高压断路器的全面检测，大幅缩短检测时间。将高压断路器检测步骤由原先的查看图纸、人工接线、人工测量、人工储能等 17 个步骤缩短为一次接线、一次按键、打印数据 3 个步骤（见图 1-23），平均检测时间由原来的 65min 缩短至 7min。

（2）研发高压断路器智能检测装置，该装置主要由分合闸输入、回路检测、交流储能、直流解锁等模块构成。通过人机互动界面控制装置发出各种测试信号传输到高压断路器，即可精确测试分合闸线圈、储能线圈、解锁线圈的直流电阻及电机储能时间等参数，彻底改变了试验前多次查看图纸、人工多次重复接线的传统检测模式，检测效率提升 10 倍。并实现自动储能、自动解锁，突破了传统试验模式下，人工反复操作进行储能、按压合闸限位解锁的方式，更加快速、安全。

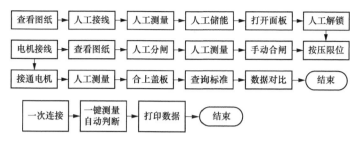

图 1-23 高压断路器检测步骤流程图

（3）研发全真检测、健康自诊两项核心功能，完全模拟断路器运行状态，精确测试断路器参数，智能化判断断路器健康水平。全真检测技术通过即插即用二次转换装置模拟实际运行接线方式，建立直流控制系统、交流电源系统、多级电压控制模块，输出与实际运行相同的信号至高压断路器，完全模拟了断路器实际运行状态，确保了断路器参数测试精确；健康自诊技术通过将各种断路器的试验标准固化在程序中，根据各试验参数的允许误差范围，设定上下阈值，并在试验过程中将测试数据与阈值自动比对、分析，实现对断路器健康状态运行智能化判断。

三、取得成效

（1）设计了高压断路器一键检测方法。高压断路器检测步骤由原先17个步骤缩短为3个步骤，平均检测时间由原先的65min缩短至7min。

（2）研发了高压断路器智能检测装置，对断路器触点的识别和控制，可检测各种电压等级、各种类型的断路器参数：对于10、20、35kV带航空插头的断路器，通过二次转化装置连接检测装置实现检测；对于110kV及以上电压等级断路器、35kV及以下不带航空插头的断路器，从端子排引线到标准接口实现检测。装置内置储能电源、直流解锁电源，实现自动储能、自动解锁。

（3）研发全真检测、健康自诊两项核心功能，完全模拟断路器运行状态，精确测试断路器参数，智能化判断断路器健康水平，一次试验正确率由原先的88%提升到99.8%。目前，成果已在国网浙江省电力有限公司××供电公司全面推广应用，效果显著，其缩短停电时间、保障用电可靠性创造的社会效益、安全效益更是不可估量。

（4）成果已列入国网浙江省电力有限公司科技成果推广应用目录（2017年版），并已在首届浙江省电力职工技术创新成果转化会上实现转化，进入工厂化生产阶段。成果还在刚果（金）、斯里兰卡等"一带一路"国家电力工程，陕西、新疆、云南、湖南等7个省份应用。同时，成果还在三江化工有限公司成功应用于化工领域的安全防护。若能在更广泛的领域进行推广，创造的安全、经济、社会效益更是不可估量。

四、推广价值

已研发成熟的产品，并经有资质的第三方权威机构检测。本成果已推广应用，显著提高了工作效率，减少停电时间，节省大量的人力物力。成果授权发明专利 4 项；授权实用新型专利 3 项；外观专利 1 项；软件著作权 1 项；出版《高压断路器智能检测与安全防护技术》专著（中国电力出版社）一本；发表 SCI、EI 各一篇，多次获得国家电网有限公司科技进步二等奖等级奖项，具有极高的推广应用价值，可在电力行业全面推广使用。

1-7　电气试验接地安全保障系统的研究与应用

一、背景及概述

在电气试验工作中，大量使用试验短接线进行接地，并要求全过程仪器及被试设备接地可靠。在电气试验工作中，发生过试验完成后试验接地线漏拆除、试验过程中接地不可靠、不良等问题，影响试验数据并有较大的安全隐患。

电气试验工作是电气设备安全稳定运行的一个重要保障，正确完备的试验数据可以反映设备的健康状态，及时发现设备存在的一些缺陷、隐患等，保证电网设备的安全可靠运行。而保障电气试验的安全可靠、数据准确无误的基础是试验仪器及被试设备的可靠接地。

随着电网状态检修、在线监测等新技术、新方法的应用，对电气设备、试验设备的可靠、精确接地的要求也日益提高，夹接、缠绕等传统检修接地的做法可靠性、安全性低，已无法满足试验要求。如何在新的试验环境、试验方法、试验方式要求下，提高电力试验的接地可靠性、安全性，满足试验要求已成为当前亟需解决的课题。

为此，本项目积极开展研究，成功研制和推行出一套电气试验接地安全保障系统成果。成果包括实现试验接地短接线定置管理的集线器、接地机械闭锁桩头，以及试验接地实时预警装置。电气试验接地安全保障系统根本性改变了传统电力试验接地的方式，安全可靠，并提升试验精确度，顺应了状态检修、带电监测等新技术的发展要求。

二、具体做法

1. 电力试验接地桩的实施

（1）铁制底座加铜套可靠接地地桩的制作、安装。利用热胀冷缩的原理，对铁制底座加铜套接地桩进行过盈配合可靠安装。完成后，铁制底座与变电站接地体采用焊接方式连接，焊接处焊缝饱满并有足够的机械强度，没有夹渣、咬肉、裂纹、虚焊、气孔等缺陷，焊接处的药皮敲净后，做防腐处理。

将铜套与铁质底座严格按照过盈配合可靠安装，通过现场实际测试，接触电阻值均小于 $10\mu\Omega$。

将铁质底座与接地体之间严格按照接地焊接规程进行焊接，通过现场实际测试，接触电阻值均小于 0.5Ω。

（2）全铜镀银接地桩头设计制作。分别对接地螺杆、元宝螺母、固定螺栓等镀银，镀银厚度根据国标，即铜质材料镀银，在室内或良好环境，银层厚为 $7\sim10\mu m$。按此标准在接线桩及元宝螺母上光滑、均匀镀银，验收合格，镀银层厚度均在 $8\sim10\mu m$。

将接地桩与接地桩头（见图 1-24）通过元宝螺母紧密连接，连接完毕后通过实际测试，接触电阻值均小于 $15\mu\Omega$。

图 1-24　试验接地桩头实物图

2. 试验接地实时预警装置的实施

电源控制箱主要由 CPU、电阻测量模块、键盘、显示模块、报警模块部分及电源控制回路组成。装置上电工作时，首先根据试验标准及现场条件，进行合格接地电阻值设定，并测试实际试验接地电阻。当测试合格后，即可接通电源开始试验，并通过声光和语音连续进行报警。试验过程中，CPU 定时（小于 100ms）指令进行试验接地电阻检测，若接地线断开、解除，或接地不良，装置检测到接地电阻不合格，则自动快速切断试验电源，切断时间为 0.5s，并且进行报警，提醒检修试验人员。试验接地实时预警装置原理框图如图 1-25 所示。

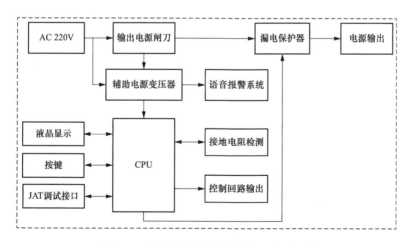

图 1-25　试验接地实时预警装置原理框图

在测量接地电阻时，目前主要采用恒定电压测电流计算电阻和恒定电流测量电压计算

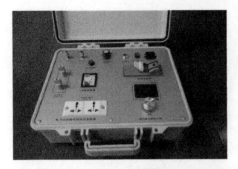

图 1-26　试验接地实时预警装置实物图

电阻两种方式，经过分析选定恒流法测量接地电阻。将接地电阻检测结果与电阻定值比较，从而达到实现接地电阻不满足要求时及时声光语音报警和切断电源的功能。试验接地实时预警装置实物如图 1-26 所示。

2013 年 1 月开始，试验接地实时预警装置在国网××供电公司本部及所属各县级供电公司推广应用（见图 1-27）。

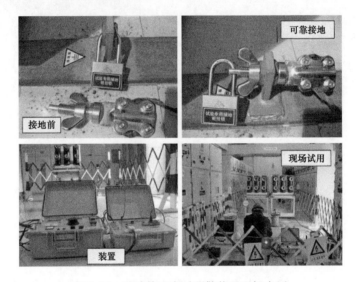

图 1-27　试验接地实时预警装置现场应用

三、取得成效

（1）规范试验设备的接地，并可靠方便检查。本装置的试验接地线接地端采用了外设机械闭锁接地桩头，接地线不再缠绕于其他接地设备上，外设接地桩可根据变电站开关柜布置情况根据需要设定，保证了接地线具有可靠方便的接地点。

（2）实时监测接地电阻，异常自动切断电源。本装置的可靠性在多个检修试验工作现场进行了试验验证（人为使接地线脱落、接地不合格），检修试验接地不良智能预警装置在现场进行使用后，在检修试验接地线脱落、不合格时智能预警装置能够实现 100% 声光语音报警和快速断开试验电源，动作时间为 0.5s。

（3）其他告警。装置辅助的声光语音报警，可以针对电源工作状态和切断状态分别进行不同的声光和语音报警，及时提醒工作人员。

（4）提高试验准确性。良好的接地明显提高了试验数据的正确性，特别是数据的稳定性，有效防止了由于接地不良引起的试验数据错误而造成对设备状态的误判断，同时也减少了由于试验数据不稳定而采取反复重复试验，提高了工作效率。

四、取得成效

试验接地实时预警装置作为已研发成熟的产品，并经第三方权威机构——国家高电压计量站检测中心检测合格。试验接地实时预警装置已在国网浙江省电力有限公司××供电公司范围内推广应用，显著提高了工作效率，减少停电时间，节省大量的人力物力。

1-8　主变压器有载分接开关吊芯大修作业平台的研制与应用

一、背景及概述

电力变压器运行过程中通过改变分接绕组抽头实现调压，在不停电的情况下用来连接和切换抽头的装置称为有载分接开关，相比较于无励磁（无载）分接开关，具有电压比调整范围大、速度快等优点。当开关动作次数或运行时间达到生产厂家规定值时，应按照生产厂家的检修规程进行检修。其中 110kV 主变压器分接开关大修已作为常规专项检修（运行 8～9 年、动作次数近万次，进行定期吊芯大修）。

近年来多个变电站因有载分接开关吊芯大修用时过长而推迟恢复送电时间，故有必要设计并研制一种 110kV 主变压器有载分接开关吊芯大修作业专用平台，以有效提升有载分接开关检修整体工作效率和质量。

二、具体做法

根据有载分接开关（M 型）检修作业指导书，MR（M 型）分接开关大修作业流程如图 1-28 所示。

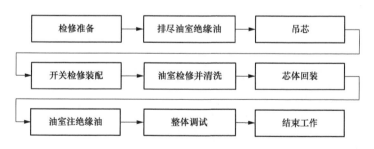

图 1-28　MR（M 型）有载分接开关大修作业流程

经过统计分析，检修有载分接开关易损件所需时间占据开关检修装配时间 82％左右，为主变压器分接开关吊芯大修作业时间长的主要原因。针对该问题主要采取如下做法：

（1）采用不锈钢制作操作平台。对有载分接开关大修工料定置定位的现场需求进行充分调研，缩短更换易损件时间，体现规范、灵活、清洁、耐用、多功能、人性化的特点。工作台分上下两层，下面主要放置开关拆下来的零部件，上面为大修操作台，同时上层底部有变压器油收集器，可以将滴下来的废变压器油收集；加装不锈钢抽屉，可以放一些日常耗材和工器具，配置了可以伸缩的小型气动工具，用于有载分接开关大修的清洁工作。测量分接开关大修现场工料及附件，规划操作台布局方案，合理优化操作台空间模型，使所放置的工料及附件有较高的融合度，方便定置定位。最后实物如图 1-29 所示。

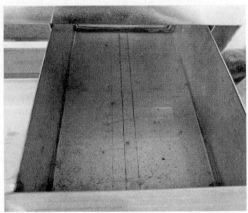

(a) 操作台上的过滤网及油收集器

(b) 抽屉限位器及接地桩

(c) 专用工具存放区及操作台成品

图 1-29　有载分接开关吊芯大修作业平台实物图（一）

(d) 工具摆放合理有序

图 1-29　有载分接开关吊芯大修作业平台实物图（二）

　　有载分接开关大修操作平台采用全不锈钢制作而成，总质量约 100kg，规格 1400mm ×
1000mm×83mm。操作台主要由高强度操作台面、可拆卸高强度钢丝网、定置定位工具
槽、变压器废油收集器、零件放置抽屉、便携式换油清洗仪等主要部件组成。

　　（2）采用可靠的四个阀门制作有载分接开关检修及清洗切换装置。有载分接开关换油
及清洗自动切换装置只需拆接油管一次，减少拆接油管次数，缩短有载分接开关换油工作
时间，提升有载分接开关吊芯大修换油及清洗工作效率与质量。

　　装置包含四个自动油路控制阀门、四个专用管路接头、离心泵、离心泵流速控制器
等。根据现场实际工作需要，将装置油管连接后，启动抽油或注油程序，将装置内残留的
油排干净并用新油冲洗干净，再将油管与设备连接，由流速指示仪传感器将流速参数传递
给离心泵流速控制器控制离心泵转速，防止因油流速度太快导致变压器油因静电而劣化。

　　装置采用可靠的四个阀门实现分接开关检修用油清洗油路切换，装置有两个工作模式。

　　模式一，从油管 A 到油管 B：打开阀门 1 和阀门 2，启动离心泵，油管内流向为从 A
到 B，如图 1-30 所示。

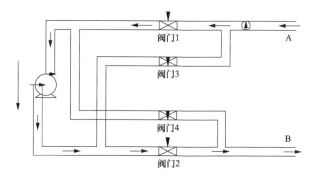

图 1-30　原理图 1

　　模式二，从油管 B 到油管 A：打开阀门 3 和阀门 4，启动离心泵，油管内流向为从 B
到 A，如图 1-31 所示。

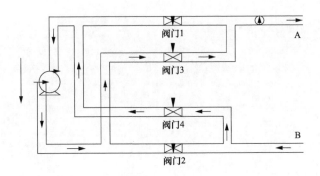

图 1-31　原理图 2

在操作台和油路切换装置功能完成后，进行整体组装、现场验证并定型，如图 1-32 所示。有载分接开关大修操作平台具备了以下四种特性：移动性即满足不同变电站不同位置的摆放要求；实用性即满足不同类型大小分接开关大修需要；换油便携性即消除现场换油更换排注油管的工作；无污染性即废油收集器保障工作现场废油回收清洁。

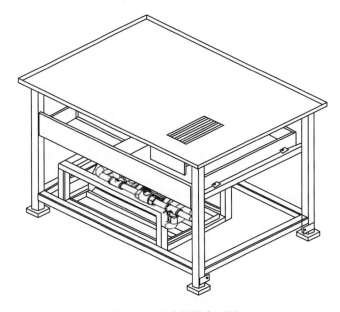

图 1-32　平台最终定型图

三、取得成效

1. 有效缩短分接开关大修时间

在现场全面开展应用后，对 2019 年 9 月～2020 年 6 月所施工的所有分接开关大修工作时间进行统计分析，平均用时由原来的 360min 下降至 262min，大大缩短了有载分接开关大修时间，提升了有载分接开关吊芯作业效率与质量。

2. 有效保障停电复役时间

缩短有载分接开关大修时间，可确保整个检修工作时间，避免由该设备检修工作造成停电时间延期或改变，带来不必要的经济损失；有效确保设备及时恢复送电，为高可靠性供电提供保障，对企业优质供电服务有着积极的社会意义。

3. 有效确保作业绿色无污染

主变压器有载分接开关大修定置定位操作平台设计上有关上平面边缘上翘，防止油流四溢，并专门设计了一个储油槽，有效避免了大修过程中冲洗油对变电站环境的污染，充分展现了电力人关心环保、支持环保、参与环保的良好风貌。

4. 知识产权

依托本典型经验，编写了该平台的操作手册和使用说明书。同时已授权实用新型专利2项，申请发明专利一项，已受理进入实质审查阶段。

四、推广价值

本成果效果显著，结构简单、可复制性好，易于推广，适用于 35、110、220kV 电压等级变压器分接开关吊芯大修工作，已在国网浙江省电力有限公司××供电公司范围内推广应用。

1-9 新型断路器机构防跳回路测试仪的开发与应用

一、背景及概述

断路器"跳跃"是指断路器用控制开关手动或自动装置合闸于故障线路上，保护动作使断路器分闸，如果控制开关未复位或控制开关触点、自动装置触点发生粘连，分合闸信号同时存在，断路器会发生多次分合的现象。而在电力系统正常运行过程中，断路器机构同时受到分闸和合闸信号的情况时有发生，断路器机构防跳回路如不能可靠动作，断路器"跳跃"轻则造成断路器多次分合后损坏，重则引起断路器爆炸，或者引起母差保护范围内断路器失灵保护动作，造成大面积停电。因此断路器在投运前或是在例行检验过程中必须测试防跳功能。

在传统方式下，测试断路器机构防跳回路是否合格仅需两根试验导线，在断路器合位防跳测试下通过断路器动作情况可以直接判断。但在测试结果不合格时，要进一步判断原因，则需要继电保护测试仪和高压开关特性测试仪，在继电保护人员、高压试验人员和辅助工的配合下，通过测量分析断路器辅助触点和防跳继电器的动作情况和动作时间加以判断具体原因，这对测试工作提出了更高的要求。目前，市场上尚未出现专门的相关测试设备。

因此，新型断路器机构防跳回路测试仪的研制能有效节约人力资源、缩短检修时间，提高供电可靠性。

二、具体做法

新型断路器机构防跳回路测试仪需要集成断路器辅助触点和防跳继电器动作时间的测

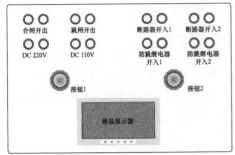

图 1-33　新型断路器防跳回路测试仪设计图

量，同时要给出断路器的分合闸指令。根据要求，将系统划分为开入/开出控制模块、计时模块、直流电压输出模块和液晶显示模块四部分，并通过切换接线方式实现断路器辅助触点防跳继电器动作时间的测量。系统设计图如图 1-33 所示。

按照图 1-34 接线，按下按钮 2 并一直保持按钮 2 在按下状态，跳闸开出触点闭合；按下按钮 1，合闸开出触点闭合。保持按钮 1 一直在按下状态，直至断路器合分完闭并且储能完毕，可进行防跳功能测试，并获得断路器辅助触点动作时间。按照图 1-35 接线，测试防跳继电器动作时间。

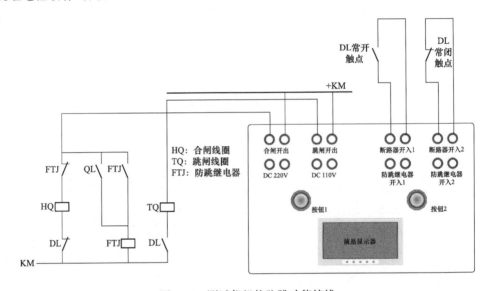

图 1-34　测试仪机构防跳功能接线

1. 开入/开出控制模块设计

开入/开出模块采用的接线柱选择插孔为香蕉接头接线柱，因平时的试验线基本为香蕉插头，开出接头内部对应的接线为 2.5mm^2，工作时需要承受跳合闸电流最大能达 10A 左右。

开入接头的内部接线与工控板的 GPIO 口相接，为了确保内部单片机模块不受外部电路的影响，使用光耦隔离模块进行电路的隔离。

2. 计时模块设计

计时模块采用 STM32 内部定时器计时完成，通过按钮来控制额定电压的通断，来控制待测继电器的吸合与释放，然后计算出吸合、释放和回跳时间。时间参数测试程序流程如图 1-36 所示。

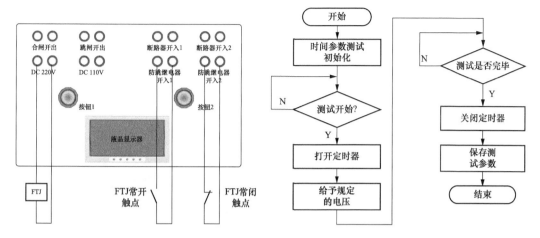

图 1-35 测试仪防跳继电器测试接线　　　　　图 1-36 时间参数测试程序流程图

开始时间参数测试时，首先打开 STM32 内部的定时器开始计时，与此同时在继电器线圈两端加载额定电压，当测试完成时，关闭定时器，计算测试值保存测试值。此次使用的是 STM32F103C8T6 _ LQFP48。STM32 定时器由可编程预分频器和 16 位计数器等模块构成，能工作在多种模式下，如捕获模式、比较模式和 PWM 模式。

本次使用了定时器最基本的定时功能。当外部 GPIO 口接收到上升沿或者下降沿时，触发外部中断，同时输出此时定时器所计的数，同时通信使得数据输出到显示器上。

3. 直流电源输出模块设计

直流电源采用 24V 锂电池供电，通过 24V 电源直接给工控板供电，同时使用降压模块将电压转化为 5V 电源给显示器供电。降压模块原理图如 1-37 所示。

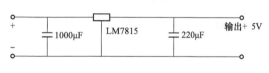

直流电压输出模块通过电源模块将 12V 转换成 110、220V 给防跳继电器测试用，满足瞬间动作功率不小于 10W 要求。

图 1-37　直流电源降压模块原理图

4. 液晶显示模块设计

显示器使用串口 HMI，串口 HMI 就是设备封装好 HMI 的底层功能以后，通过串口（USART232）与用户 MCU 进行交互，如 MCU 可以随时通过 USART 发令通知设备切换某个页面或者改变某个组件的属性。设备也可以随时通过 USART 通知用户 MCU 操作者目前触摸了页面上的某个组件或者设备当前进入了某个页面。这种显示屏编程更加方便，并且显示效果好。

单片机通过如图 1-38 所示的程序，就可以将定时器所计得的时间发送到显示器上。液晶显示只需显示 T1、T2、T3、T4 四个时间即可，显示的效果如图 1-39 所示。

5. 整机组装

新型断路器机构防跳回路测试仪以 STM32F103 单片机为核心，以开入/开出控制模块、计时模块、直流电压输出模块和液晶显示模块等四大模块为重要组成部件，并在单片机和端口之间配上光耦隔离模块。该试验仪为了便于工作人员携带，在设备上选用小体积低重量器件。测试仪实物如图 1-40 所示。

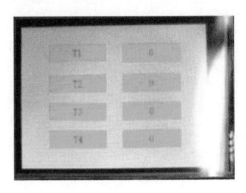

```
void EXTI1_IRQHandler(void)
{
    if(KEY_InPut2==0)    //按键KEY_InPut2
    {
        sprintf(buf,"n3.val=%d",t3);//发送时间T4
        HMISends(buf);
        HMISendb(0xff);
    }
    else if(KEY_InPut2==1)
    {
        sprintf(buf,"n0.val=%d",t3);//发送时间T1
        HMISends(buf);
        HMISendb(0xff);
    }
```

图 1-38　232 串口通信程序　　　　　　　图 1-39　显示效果展示图

三、取得成效

（1）传统方式下，断路器防跳功能测试不合格时，需要采用一台继电保护测试仪和一台高压开关特性测试仪，测试工作需 5 人参加，测试时间长达 60min。采用新型断路器机构防跳回路测试仪后，测试工作仅需继保专业 2 人，时间缩短至 10min，工作效率提升 93.3%。

（2）新型断路器机构防跳回路测试仪在 220kV 虞北变电站、220kV 虎象变电站以及 110kV 马海变电站等变电站综合自动化改造项目中已投入使用已完成 98 台断路器进行防跳回路测试，为 18 台断路器的防跳回路查明故障原因，故障查找准确率达到 100%，最终确认本测试仪可满足检修作业现场快速、准确、可靠的要求。

图 1-40　防跳测试仪结构图

四、推广价值

（1）将新型断路器机构防跳回路测试仪应用于变电站设备检修，按每年检修的断路器数量 1000 台计算，一可节省约 4670 工时，每年直接产生的经济效益约 140 万元，缩短停电时间 833h，因此产生的经济效益更是难以估计。

（2）新型断路器机构防跳回路测试仪的推广将助推"智能运检"发展，为探索建设多元融合高弹性电网增添"检修智慧"，助力检修工作优质高效开展，促进电网安全稳定运行。

1-10 基于角位移加速度的断路器分合闸特性监测装置研究

一、背景及概述

10kV 高压开关柜和环网柜是电网中应用数量最大的配电设备，运行状态正常与否直接关系到具体的电力用户。为使设备健康稳定运行，开发成熟、稳定的在线监测技术，实现高压开关分合闸故障的发生预判，消除设备安全隐患，切实保障工作人员的人身安全尤为必要。国网××供电公司进行了基于角位移加速度的断路器分合闸特性检测装置的研究，用于提供设备运行状态下的开关特性曲线，为工作人员提供判断依据，预防并减少分合闸故障的发生，同时提升分合闸故障排故效率，为电网安全稳定运行保驾护航。

二、具体做法

由于断路器在分、合闸时动能较大，因此线缆连接的传感器无法适用于该场景，这也成为机械特性在线监测技术的发展瓶颈。但磁性传感器在现代自动化中的广泛应用带来了新的解决思路，一种基于巨磁阻效应，采用非接触式的方式安装于断路器动轴边侧，采集基于加速度信号几何特征的动作行程识别计算，实现判断设备机械特性，实时告警设备缺陷。

（1）断路器刚分、刚合点在线监测。由于断路器分断或关合电流引起的电弧燃烧发生在超行程计算点之后的电弧燃烧区，因此以超行程位置来定义刚分、刚合点更符合断路器分、合闸实际情况，同理选取刚分、刚合点前 10ms 内动触头移动距离来定义刚分、刚合速度，如图 1-41 所示。

（2）角位移加速度传感器设计。采用巨磁阻材料制作角位移加速度传感器，由于巨磁阻效应，即使是微弱的磁场变化，该传感器也能做出灵敏而准确的反应，因此具有极高的精度。

（3）霍尔开合电流传感器。霍尔开合电流传感器用于分/合闸电流、储能电机电流采集，采用开环开合式、悬挂式安装，引线输出。

（4）智能感知及显示单元。智能感知单元将角位移加速度传感器和电流传感器的信号进行汇总、整理、计算、存储并最后输出到显示单元。

（5）数据上传及监控平台。为了直观方便地读取监测数据，团队开发了配套的监控系统，可以提供设备历史动作特性曲线、设备健康报告、设备故障预测分析等内容。

（6）装置安装情况。安装分两部分，分别为手车仓和二次仓。手车仓内，将磁场发生器安装于断路器传动轴上，角位移加速度传感器安装于磁场发生器对端，由航空插头连接至开关设备低压室，霍尔传感器、智能分析终端等安装于低压室内，如图 1-42 所示。

（7）试验与数据对比。为验证装置的灵敏性，结合现场设备设计了两组对比试验，即油缓冲器漏油故障与脱扣器卡滞故障时在线监测装置与机械特性测试仪的数据对比试验。试验结果表明，该装置可以准确表现出故障特征，且与机械特性测试仪数据基本保持一致。

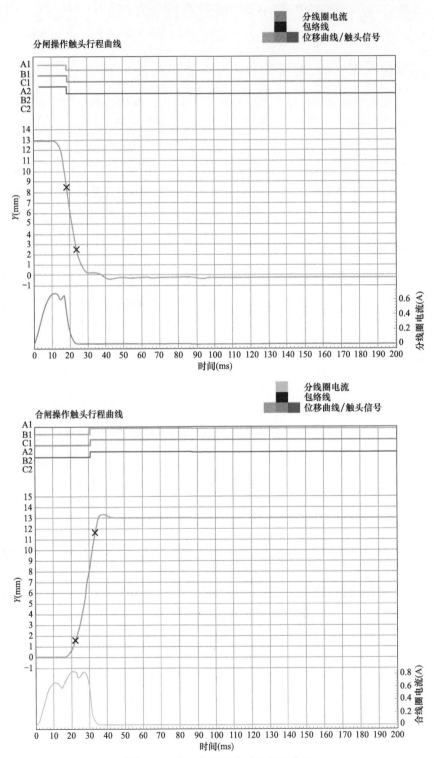

图 1-41　分、合闸触头动作行程曲线

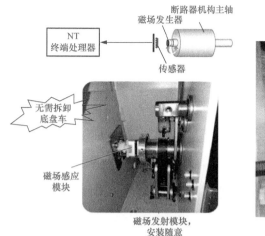
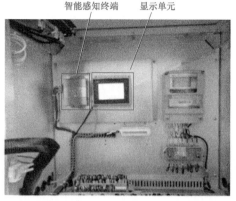

图 1-42　在线监测装置安装图

（8）阈值告警。当装置检测出异常信号，监控平台会发出告警信号，并将故障类型信息发送给运检人员，运检人员再对当次越限的特征点查询，进一步确定故障位置，从而制定有针对性的消缺排故计划，实现高效排故。

三、取得成效

截止到 2020 年 10 月，安装了该装置的并联电容器开关共发生 1 次开关拒分故障告警。经查看，输出的动作曲线中没有分闸电流信号，故判断系由分闸线圈断线故障引起，更换分闸线圈后开关可正常分合闸。

由于该装置的投运，极大地缩短了设备排故时间，大幅提高了供电可靠性。

四、推广价值

断路器分合闸状态在线监测系统可以对断路器设备分合闸状态进行监视，通过对分、合闸线圈电流；储能电机电流值等参数的变化趋势实现对设备故障的预判功能。通过阈值报警功能，可提前安排设备检修，将隐患消除在萌芽状态，避免设备出现拒分等危急缺陷。可以为开关消缺排故处理提供分析判断参考依据。该在线设备不改变开关原结构，体积小、布置灵活，具有极佳的推广性。

1-11　10kV 断路器储能弹簧拆装专用工具的开发与应用

一、背景及概述

随着社会经济的发展，对电力系统稳定运行提出了更高的要求。在当前的电力系统中，10kV 手车开关应用极为广泛，是电网系统数量最多的配电设备。弹簧操动机构是目前手车开关最常用的机构，具有储能电源容量小、合闸电流小、动作速度快等优点。手车开关传动部件安装紧凑，长期运行后常出现储能弹簧弹性衰减，储能电动机、分合闸掣子、分合闸线圈等故障缺陷时有发生，给系统供电可靠性造成较大影响。因此，缩短此类设备消缺及检修时间，提高检修的效率及质量，是当前迫切需要解决的问题。

在检修及消缺过程中，手车开关合闸弹簧拆装频繁，且拆装手车开关合闸弹簧需要花费大量时间。传统拆装弹簧的方法效率低、耗时长、存在安全隐患。为缩短停电时间，提高检修效率，需克服拆装弹簧费时费力的困难。项目组从检修痛点入手，深入分析影响拆装手车开关合闸弹簧工作效率的难点，在传统拆装方法的基础上，开发出了 10kV 手车开关弹簧拆装专用工具，并在检修现场加以应用，通过反复实践与对比，验证了拆装工具有极大实用价值。

二、具体做法

1. 原因分析

对常规作业方法弹簧拆装过程进行步骤分析及时间统计，拆装步骤及流程如图 1-43 所示。

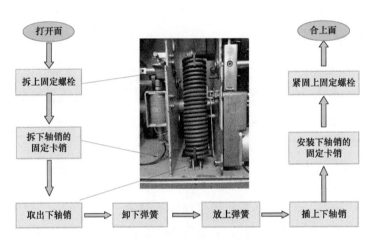

图 1-43 常规作业弹簧拆装步骤及流程

由于弹簧拆卸与安装互为逆过程，因此将上述步骤合并，统计了各步骤的平均用时，见表 1-2。

表 1-2   常规作业弹簧拆装用时统计

序号	步骤	平均时间（min）	所占比例（%）
1	打开/合上盖板	1	2.13
2	拆/紧固上固定螺栓	2	4.26
3	拆/安装下轴销的固定卡销	4	8.51
4	取出/插上下轴销	38	80.85

序号	步骤	平均时间（min）	所占比例（%）
5	卸下/放上弹簧	2	4.26
合计		47	100

结果表明，弹簧拆装最主要的问题在于取出弹簧上下端固定轴销及螺栓。由于弹簧即使在未储能情况下依然存在约 2cm 的预拉伸量，弹簧弹性系数为 350N/cm，预拉力 $F=k\Delta L=700N$。

由于弹簧预拉力已超出人力范围，因此在拆除时必须通过施加外力或支撑抵消其预拉力，使其处于自然拉伸状态下方能顺利取出弹簧上下端固定轴销及螺栓。传统方法一般为采用平口螺丝刀与垫片，利用螺丝刀塞入弹簧撬出空间后卡入垫片，反复多次达到拉伸弹簧的目的。每片垫片厚度约为 2mm，作业人员在工作时需进行至少 10 次垫入垫片的工作，方可使弹簧达到需要的拉伸长度，且由于垫片的不稳定性，易出现滑出掉落等情况，一般会存在 3～5 次的返工。此方法除耗时严重外还存在一定的安全隐患，在拆除时若垫片滑落，弹簧能量释放，易造成人员受伤。目前拆装弹簧没有普及适用的工具，为满足现场工作需求，急需开发一款弹簧拆装专用工具。

2. 工具开发

由于手车开关机构内作业空间有限，弹簧专用拆卸工具设计必须紧凑，为满足弹簧拆装时的便携性和安全性，主要从以下两个方面考虑：

（1）弹簧固定部件设计。固定部件必须完全固定弹簧，可有效避免拉伸过程中弹簧意外脱出造成人身安全事故。结合弹簧上、下挂板略宽于弹簧直径的结构特点，设计采用半圆形金属部件覆盖弹簧一半位置，并在部件上开两条槽，使其可完全卡住弹簧上、下挂板。

（2）弹簧拉伸传动部件。设计采用传动轴两端连接上下两个固定部件，传动轴运动时，上下两个固定部件相对反向运动，实现弹簧拉伸功能。弹簧拆装专用工具结构原理及现场使用效果如图 1-44 所示。

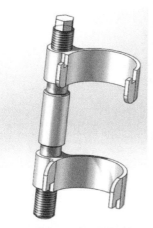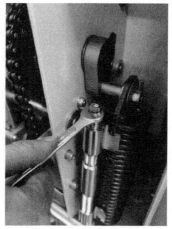

图 1-44 弹簧拆装专用工具结构及现场使用效果

本工具结构简单，仅由 3 个配件组成，利用普通扳手控制正反螺纹调节杆带动螺母上下运动，间接带动上（下）弹簧夹上下运动，这样就能很容易地将储能弹簧拉开。弹簧夹上的方形槽会卡住储能弹簧上的弹簧挂板，进而将储能弹簧拉开，保证了弹簧夹能够平稳地上下运动。采用这种工具在拆装储能弹簧时，平均拆装时间为 5min，操作方便，安全可靠，可有效减轻劳动强度，更能提高拆装效率。

三、经验成效

（1）用传统方法拆装弹簧需要两人互相配合，且经常需要重复、返工，平均耗时40min~1h，使用专用工具拆装弹簧单人即可操作，平均耗时 5min，而且稳定可靠、不返工，大大缩短了检修消缺时间，节省人力物力，提高供电可靠性。

（2）采用专用工具将大大降低安全风险，拆装过程安全、平稳，弹簧固定可靠，有效地确保人员安全作业。

（3）专用工具连接方式结构简单，体积小，灵活轻便，在手车开关这种十分狭小的工作空间内十分实用。专用工具组成部件仅为 3 个，且可快速组合分离，在便携性、部件替代性、通用扩展性上有显著优势。

四、推广价值

10kV 手车开关是电网的重要组成部分，检修消缺效率与停电时间息息相关。手车开关弹簧拆装工具能改变传统手车开关弹簧拆装方式，对缩短设备检修时间作用十分明显，且在工作过程中，有效避免原有拆装模式存在的安全隐患，大大提高作用安全性，在安全和性能方面都能满足设计要求，适合大范围推广应用。

1-12 电力电缆终端头折弯机的研制与应用

一、项目背景

高压电力电缆是配电网最常用的电气设备，随着社会用电量的发展，一方面需要增加新的配电线路，另一方面需要更换不能满足供电需求的旧电缆，这些工作都面临着电缆终端头的制作与搭接问题。目前电缆终端头成型搭接工作主要通过人工进行，由于开关柜电缆仓内空间狭窄、人员作业空间受限，电缆终端头搭接存在以下缺陷和不足：

（1）电缆终端头成型时，需要多人在弯腰和蹲下情况下长时间对电缆终端头进行成型工作，该环节耗时长。

（2）新电缆线径一般较粗，截面以 240mm² 及以上为主，弯曲长度小于 60cm，具有一定的弹性势能，需要多人才能完成，不仅成本增加，而且现场人员有安全风险。

（3）电缆终端头成型不够，搭接引线支持绝缘子长时间受应力作用，易发生移位造成线路闸刀不能合闸的现象，而且也会引起电缆接触不良，降低供电可靠性。

二、目标描述

根据现场电缆终端头制作及搭接时碰到的问题，项目组一致认为需要研究制作电缆终端头折弯机，实现以下两种功能：

（1）电缆终端头折弯机能代替人力进行电缆终端头成型。

（2）电缆终端头折弯机可以适应多种电力电缆终端头成型工作。

三、具体做法

1. 电缆终端头折弯机设计思路

针对 10kV 开关柜柜内空间狭窄、人员手臂力量不足的缺点，设计一款电缆终端头折弯机。如图 1-45 所示，整个装置分为夹持总成、固定成型模、活动成型模和电动液压机构四部分。夹持总成主要起到支撑和动力传输作用，固定成型模和活动成型模在外力作用下挤压电缆终端头成型，电动液压机构为整个装置提供动力。

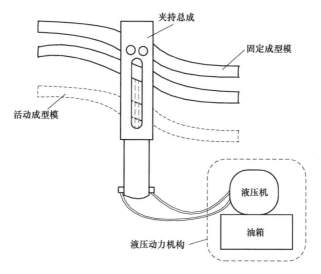

图 1-45　折弯机设计原理图

2. 电缆终端头折弯机关键技术

（1）采用夹持总成实现电缆成型工作。

（2）采用电动液压机构提供电缆成型的动力支撑。

（3）采用单相电力驱动，便于工作场所电源的获取。

（4）点动操作控制和活动成型模可实现一定线径电缆卡位。

（5）折弯机大部分采用不锈钢材质，不易生锈，且有利于重量的降低。

3. 电缆终端头折弯机功能实现

现场实物及操作如图 1-46 所示。

图 1-46   现场实物及操作

四、项目成效

实现了用折弯机代替人力进行电缆终端头弯折成型工作,大大提高了工作效率。消除了由于终端头成型不够,使搭接引线支持绝缘子长时间受应力作用发生移位以至线路闸刀不能合闸的现象,也避免了由此引起的电缆发热现象。项目组 2017 年 10 月在所辖变电站 4 个开关柜间隔进行电缆终端头折弯机使用测试对比,传统作业方法施工用时如表 1-3 所示。

表 1-3   传统作业方法施工用时

间隔	工具搬运时间 (min)	电缆终端头弯折成型时间 (min)	安装固定时间 (min)	总耗时 (min)
蔡家变电站待用 4304	3	35	10	48
上余变电站溪滩 A142	5	39	11	55
上余变电站双塔 A144	2	38	14	54
坛石变电站芳莲 A149	5	36	9	50

采用电缆折弯机作业方法施工用时统计如表 1-4 所示。

表 1-4   折弯机作业施工用时

间隔	工具搬运时间 (min)	电缆终端头弯折成型时间 (min)	安装固定时间 (min)	总耗时 (min)
蔡家变电站待用 4304	4	11	6	20
四都变电站傅阳 4323	3	11	6	20
石门变电站界牌 4360	4	10	5	19
赵家变电站城北 A105	4	12	5	21

传统作业施工投入劳动力为 5 人,每间隔平均施工时间 51.75min;采用电缆折弯机作业投入劳动力 2 人,每间隔平均用时 20min。本项目的实施,大大提高了工作效率,且节约人力成本。

五、推广价值

（1）电缆施工作业生产成本显著降低。以年度电缆施工工作量 100 回为例，可节省人工成本约 9 万元，节省工作时间 3175min。

（2）施工工艺得到保障。该作业方法提高了检修人员的工作舒适度，消除了因成型不足引起的电缆发热缺陷，有利于电网稳定运行和供电可靠性的提升。

（3）为变电站电力电缆终端头成型搭接提供更高效、安全、便捷的工具和方法。

1-13 变电站错位布置设备更换作业装备的开发与应用

一、背景及概述

部分户外变电站设备布局存在上下错位的情况，在设备改造施工时，为保证安全距离，需要相邻设备同时停电，扩大停电范围。如浙江宁波 220kV 某变电站内，220kV 副母电压互感器正上方错位布置了 220kV 正母引线，更换老旧的 220kV 副母电压互感器时，需要陪停 220kV 正母，造成 220kV 正、副母线同时停役的情况。为避免变电站母线全停，保证电网稳定运行和电量输送，根据现场实现设计出一款可在 220kV 正母线运行状态下更换 220kV 副母电压互感器的特殊起重装备。

二、具体做法

根据现场实际情况，设计制作了通用的特殊装备。

（1）参考建筑业塔吊升降原理，配置了升降支撑框架，在提供设备吊点的同时有效防止设备在转运途中倾覆。

（2）参考变压器等大件就位方法，配置了顶部水平移动滑轮轨道，在保证设备可靠水平移动的同时保证设备重心的稳定。

（3）参考隔离开关检修模式，配置了双侧位旁站检修台，方便检修人员在更换过程中进行对应操作。

上述特殊装备与标准叉车进行配合，可实现对改造设备的垂直升降、水平方向的可靠平移，特别是对垂直升高高度的可靠把控，精度达厘米级，确保施工过程中的人身和电网设备安全。

自制特殊作业装备如图 1-47 所示。

三、取得成效

2017 年 10 月，该起重装备在浙江宁波供电公司某 220kV 变电站 220kV 副母电压互感器更换工作中成功应用，停电范围为副母电压互感器改检修状态（该 220kV 副母电压互感器与上方的 220kV 正母最小空气距离约 3.5m）。

根据现场首次应用情况，研发团队对装备部分功能进行了针对性的改进、提升。2018年5月，利用该起重设备成功完成了某220kV变电站220kV副母电压互感器更换工作，停电范围仅为电压互感器改检修状态（该220kV副母电压互感器与上方的220kV正母最小空气距离仅约3.2m）。

升降支撑框架
双侧位旁站
检修台

水平移动滑轮轨道

图1-47　自制特殊作业装备

2020年5月，再次成功完成了220kV某变电站110kV母联开关独立电流互感器的更换，停电范围仅为开关检修（110kV母联开关独立电流互感器上方为带电的110kV正母线）。

四、推广价值

（1）该起重装备可应用于大部分错位布置的互感器类设备改造场合，如副母电压互感器上方布置正母引线的场所，可实现不停正母线更换副母电压互感器。

（2）可应用于上方跨线带电情况下的互感器类设备更换，比如110kV母联开关独立电流互感器上方布置110kV正母跨线的场所，可实现不停正母更换电流互感器。

（3）可应用于某些应急抢修情况，如主变压器110kV独立电流互感器上方布置主变压器110kV跨线的场所，可实现不停主变压器更换电流互感器。

1-14　副母闸刀更换作业装备的应用

一、背景及概述

采用双母线接线形式变电站的副母闸刀采用垂直折臂式隔离开关，安装于副母线下方

且靠近正母线，处于设备场地纵深的位置，造成闸刀更换时吊机施工范围严重受限，与正母线相邻的一相闸刀更换难度较大。例如在浙江省某变电站，110kV副母闸刀结构比较紧凑，上下左右空间有限，吊机无法穿越母线和闸刀完成作业。

二、具体做法

根据现场实际情况，采用履带式小吊机能很好地完成副母闸刀更换起重工作。一是履带式小吊机能够在草坪、电缆沟等地形穿越，体积小，动作灵活，能应付各类地形；二是小吊机就位以后，配置四型固定支腿稳定支撑在地面上，有效防止设备在转运途中倾覆；三是吊装工程中，配置双侧位旁站检修台，方便施工人员在更换过程中进行相应操作。

在履带式小吊机配合下，在有限的作业空间范围内，可实现对改造设备的垂直、水平方向的可靠平移。特别吊装点的精度选择，可以精确到厘米级，大幅降低了吊装难度，提升施工过程中的人身和电网设备安全。

三、取得成效

2016年4月，国网浙江宁波供电公司首次在某变电站采用小吊机实现110kV副母闸刀更换工作，仅用2h就完成吊装作业。2018年6月完成220kV某变电站110kV副母闸刀更换工作。2020年5月持续在多座变电站实施110kV副母闸刀更换，耗时仅为1h。

采用履带式小吊机开展变电站副母闸刀更换工作能有效解决普通汽车吊无法涉及的吊装工作，减小停电范围，提升工作效率。

四、推广价值

根据履带式小吊机的使用特点，可推广应用到以下场合的作业：

（1）可应用于大部分有限空间布置的副母闸刀类设备改造场合，如单停副母线的综合检修工作。

（2）可应用于上方跨线带电情况下的互感器类设备更换，如结合110kV副母检修，更换110kV母联开关独立电流互感器。

（3）可应用于户内设备吊装工作，如室内变电站的中性点闸刀及35kV主变压器闸刀更换。

（4）可应用于某些应急抢修情况，如不停主变压器更换主变压器110kV独立电流互感器（电流互感器上方为主变压器110kV跨线带电）等作业。

1-15　一款万能油路连接阀门的研制

一、背景及概述

在变压器检修、油库补充油入库等多项工作过程中经常需要进行注油、放油、油循环等工作，针对变电站内所使用的油路连接阀门种类繁多，存在油路连接阀门连接时间长，可靠性差，油路连接阀门通用性差，与主变压器设备匹配性低的问题，需要研发一种能够应用于全部变压器或油坦克补油和放油工作的可靠万能连接阀门装置，实现快速、高效的完成主变压器油路阀门的连接。

二、具体做法

一是确定用 L 形卡体固定放油法兰代替老式连接阀门用螺栓固定法兰的方式，其结构原理如图 1-48 所示。

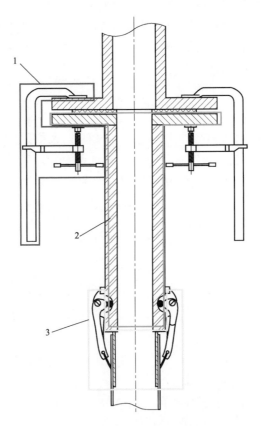

图 1-48　L 形卡体固定法兰的连接油阀

1—L 形卡体；2—连接法兰；3—放油阀

二是选定不锈钢作为此油路连接阀门的材质，实物如图 1-49 所示。

三是选定阀门连接方式为可更换接头方式，以通用匹配不同的油路阀门尺寸，具体连接如图 1-50 所示。

三、取得成效

（1）缩短工作时间。万能油路连接阀通过多个变电站使用，不同技能水平的检修人员

图 1-49　油路连接阀门零部件　　　　　图 1-50　新研制万能油路连接阀门的现场实施

平均用时为 10min，与原来平均用时 40min 相比，效率提高了 300％，缩短检修设备停电时间。

（2）通用性强，连接可靠。万能油路连接阀门具有通用性且保证了连接安全可靠，变压器、油浸电抗器均能适用。解决了多年以来因油路阀门种类繁多与设备不匹配导致工作延误的问题。

（3）有利于环境保护。传统油阀安装连接工作时间较长，易造成放油阀部位少量残油流失，对环境造成一定程度影响。新型万能油阀因采用卡具连接，可实现快速紧固，可最大限度避免残油渗漏，避免对周边环境的污染。

四、推广价值

该装置携带方便，通过可更换阀门使用，适用于日常变压器注油、放油工作；适用于特变天工、江苏华鹏、沈阳变压器厂等多个厂家的多种型号的变压器检修涉及的油务工作。

1-16　手车式断路器回路电阻测试用触头夹件的研制

一、背景及概述

由于主回路触头基本采用杯状结构设计，现有的回路电阻测试仪器使用的测试线夹头在开展断路器手车回路电阻测时，易造成梅花触头及卡固弹簧损坏，且测试成功率低。另外，采用杯状结构梅花触头的断路器手车，手车动触头正常运行时，触头是插入静触头，在卡固弹簧压紧的情况下保证可靠接触，传统测试方法会导致测试数据不准确。新型回路电阻测试工具的成功研制，确保能与动触头充分接触，提高回路电阻测试的成功率。同时，也减少夹件对动触头镀层的金属性损伤。常规试验测试夹头使用情况如图 1-51 所示。

二、具体做法

（1）研究触指夹头以适应开关柜断路器杯状触头结构，试制与之相配套的测试夹头，结构设计如图 1-52 所示。

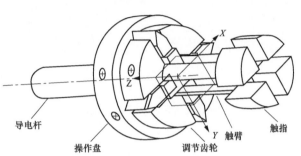

图 1-51　常规测试夹头　　　　　　　图 1-52　试验夹头结构图

根据现场断路器手车规格型号，为运行数量最多的馈线断路器设计一款固定式测试夹头，如图 1-53 所示。

针对多种不同型号的断路器，设计可调节测试夹头，如图 1-54 所示。

图 1-53　单一直径夹头　　　　　　　图 1-54　直径可调节夹头

（2）确定测试夹头结构和材质，确定为调节式梅花铜质触头夹件为断路器手车回路电阻测试触头夹件。安全可靠，操作便捷方便，经济实用。

将夹件放至杯状触头内部，旋转操作盘，调节齿轮转动带动触臂、触指向外扩张，以适应断路器杯状触指结构。现场实际应用如图 1-55 所示。

三、取得成效

（1）缩短测试工作时间。该测试接头装配操作简单，适用性广，不同技能水平的测试人员完成一台断路器回路电阻测试平均用时约为 6min，采用常规测试接头的平均用时约需 14min 相比，极大提高测试工作效率。

（2）提高测试一次成功率。采用该测试接头，可最大程度模拟断路器在运行状态下的动、静触头实际配合情况，一次测试数值即能反映设备实际性能，避免常规测试方法需在不同位置反复测量的情况，测量误差小，减轻低工作强度，测试成功率极大提高。

（3）适用面广。新型测试接头使用、携带方便，使用范围广，适用于目前国网系统内大部分 10～35kV 高压开关柜断路器手车，如 ABB 的 VD4 系列、HD4 系列断路器；国内各厂家生产的 VS1 系列、ZN85 系列等断路器设备。

图 1-55　现场应用实例

1-17　变电站蓄电池组智能管家

一、背景及概述

蓄电池组是变电站内直流系统的重要组成部分。变电站内保护、自动化等重要设备均使用直流供电，正常运行时，由站用电交流电源经过高频模块整流后提供，蓄电池组处于浮充备用状态。当站用电交流系统发生故障失电后，直流系统切换为蓄电池组进行供电。因此，蓄电池组的稳定性和放电过程中能提供给负载的实际容量对确保电力系统的安全稳定运行具有十分重要的意义。

目前电力系统普遍使用阀控式密封铅酸蓄电池。铅酸蓄电池的损坏过程是伴随着内阻增大直至开路的过程。尽管目前通过蓄电池巡检仪等监控设备、蓄电池组定期的核对性充放电试验可以有效地监控蓄电池组运行状态，但是蓄电池的运行状态是缓慢变化的，在浮充运行方式下，内阻和电压均显示正常，只有在大电流充放电时才会出现单个或者多个蓄电池开路的现象。而蓄电池的大电流充放电试验每年开展 1～2 次，不能保证及时发现问题蓄电池。从各地蓄电池组故障情况来看，当个别电池出现开路故障引起蓄电池组无容量输出时，一旦变电站交流电源发生故障，将会造成变电站所用电交直流全失的故障，会进一步扩大系统故障范围。因此急需研发一种蓄电池组开路智能保护装置，确保在单只蓄电池开路后不影响整组蓄电池的正常输出。

二、具体做法

一是在蓄电池巡检装置上增加测内阻功能，将单只蓄电池电压、内阻数据上传至蓄电池组在线检测装置，通过智能分析，可及时发现运行情况逐渐变坏的蓄电池。

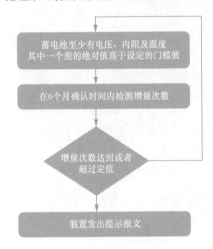

图 1-56 蓄电池跟踪分析系统工作流程图

蓄电池跟踪分析系统将蓄电池在浮充、均充和放电状态下每半个月的电压、内阻数据与上次的数据分别进行比较，求出两者差的绝对值，并将其分别与电压、内阻增量设定门槛值进行比较。如果大于设定的门槛值，相应的计数器加1。在6个月的时间内，如果计数器累计次数值达到或者大于电压、内阻及温度其中一个设定的增量次数定值时，蓄电池监控系统报该节蓄电池运行存在风险，提醒检修人员及时更换，其流程如图1-56所示。

二是针对蓄电池发生开路故障的情况，本项目创新性地研发了蓄电池智能续流装置。

在交流断电的情况下，蓄电池组智能管家中的智能续流装置在蓄电池开断的瞬间将其短路，仍能保证直流供电不间断，确保系统安全稳定运行。且蓄电池跟踪分析系统在智能续流装置动作时，能对发生开路故障的蓄电池进行报警，并进一步生成蓄电池历史数据变化规律报告，方便二次技术人员研究蓄电池损坏过程趋势。

蓄电池智能续流装置示意图如图1-58所示。在蓄电池组中的蓄电池并联"蓄电池智能续流装置"。当蓄电池组供电时，如果出现任意节蓄电池开路，蓄电池组的放电电流 I_d 将自动不间断地经蓄电池智能续流装置续流，如图1-57中虚线，可有效确保蓄电池组正常工作。

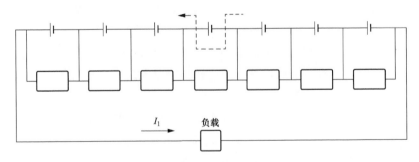

图 1-57 蓄电池智能续流装置连接示意图

蓄电池智能续流装置成品如图1-58所示，利用二极管的正向导通功能，它的技术特点如下：①可直接并联在单节或者多节蓄电池的正负两端，它的支架可以直接固定在蓄电池的极柱上，不使用任何导线、安装方便简单且能够适应各种类型蓄电池；②无需工作电源，在未发生蓄电池开路故障的情况下，无论蓄电池组处于充电、放电状态时，智能续流装置不工作，不会影响蓄电池的正常运行；③当蓄电池组处于放电状态时，且发生一节或者多节蓄电池开路失效的情况时，续流装置能够实现微秒级的切换，让电流通过，保证系统的稳定运行；④具有开路故障指示功能，在电池未发生开路故障时，温度指示标签为白色，当开路续流装置工作后温度指示标签会变为黑色。

图 1-58 蓄电池智能续流装置成品

三、取得成效

本项目创新性研发了基于大数据的蓄电池组智能管家，为解决直流蓄电池开路故障提供了一整套智能解决方案：一方面通过蓄电池智能在线监测装置，能够实时监测蓄电池的状态，提供智能化的数据分析，对有可能出现风险的蓄电池发出风险预警，该系统直接集成在蓄电池监控系统中，增加对应分析软件即可；另一方面利用蓄电池智能续流装置，安装不用连接导线，装置无需工作电源，可 1 节或多节电池安装，具有开路故障指示，安装简单方便，能适应各种不同类型的蓄电池。

四、推广价值

蓄电池组智能管家系统，可以有效掌握蓄电池组的健康情况，实现蓄电池组全状态数据监测与状态趋势分析，大大提高直流系统的供电可靠性，开断续流装置能够在蓄电池开路状态下提供直流系统电源，保证直流母线持续供电，有效避免因交流失压时蓄电池开路造成直流系统失压、保护拒动等事故，从而减少抢修工作量、抢修成本，减少停电范围，提高供电可靠性，具有较高的推广价值。

1-18　高效处理开关柜断路器无法遥控分闸的新型装置

一、背景及概述

近年来，变电站的开关柜断路器遥控通信中断或控制回路断线等故障时有发生，造成设备远程遥控无法执行。而运行中的开关柜断路器分合闸时，可能会发生绝缘故障甚至爆炸从而严重威胁就地操作人员的人身安全，国家电网有限公司《变电运维通用管理规定》明确禁止运维人员就地分合开关柜断路器。处置此类故障必须停役开关柜所连母线，这又降低了电网供电可靠性并可能造成电网薄弱地区大量用户停电。国网××供电公司自主研发了 2 套遥控紧急分闸装置，实现远距离控制开关柜断路器就地机械分闸，高效处理开关柜断路器无法遥控分闸故障。

二、具体做法

变电运维中心和变电检修中心分别从各自工作实际出发，自主研发了开关柜紧急分闸装置。变电运维中心研制的紧急分闸装置，通过吸盘固定在柜体，通过无线遥控机械推杆实现安全可靠开关柜紧急分闸。变电检修中心研制的紧急分闸手，类似机械臂，以夹板固定在合适位置，通过无线遥控机械手来实现安全可靠的开关柜紧急分闸。这2种装置都能实现保证工作人员人身安全情况下的事故快速处理，可极大保证供电可靠性，缩短故障处理时间。

（一）运维中心做法

第一套开关柜遥控紧急分闸装置首先考虑保障操作人员安全、保障开关柜设备安全、应用通用性等因素，并考虑使用便捷、成本可控等因素。装置研发过程中综合比较安装模块、推力模块、电源模块、控制模块等各种构件，经多次改进最终制作出满足上述因素的实物装置。

一是通过广泛比较确定遥控紧急分闸装置的现场安装方式，保证通用性。××公司所辖变电站开关柜厂家、型号众多，附带的紧急分闸手柄及其操作方式也有多种区别。统计各变电站开关柜面板工艺及材质后，发现所有开关柜前柜门均为金属平面、塑料平面和防爆玻璃组成。综合分析后确定装置应用时直接安装在开关柜面板，其支撑模块采用吸附固定结构，由两个工程吸盘组成，能够承受横向及纵向的 90kg 的重量，并装有方向可以调整的铰接件，对应不同厂家、型号的开关柜均可进行相应调节，实现全型号开关柜故障处理通用化。吸盘组件如图 1-59 所示。

图 1-59　吸盘组件

二是合理选择推力设备及设置推杆力矩，保证设备安全。试验开关柜紧急机械分闸按钮的多种操作方式、撞击方式以及稳定推力，发现开关柜紧急机械分闸按钮应对一种可控的水平力矩。比较气动推杆和电动推杆两种方案，最终采用可以设定推杆距离、力矩的电动推杆。使用测力仪器测量开关柜断路器分闸的最大力矩为 250N，据此设置装置工作力矩，防止对断路器的机械构件造成损害。电动推杆组件如图 1-60 所示。

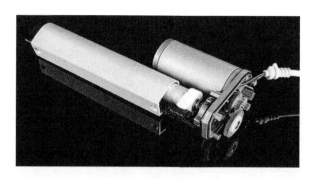

图 1-60 电动推杆组件

三是确定装置锂电池供电方式。比较市电供电和锂电池模块供电两套供电方案，市电取电需要使用线盘，而故障开关柜的附近可能没有市电电源，综合考虑最终采用锂电池供电。该锂电池模块具备充电功能，使用简单，更加便携，应用场景更广泛。

四是确定装置无线电远距离遥控的控制方式。控制部分，是提高装置安全性能的关键技术，能让运维人员免于和高压开关柜近距离接触。市面上有有线和无线两种控制方式，有线遥控受到电缆线的长度限制，装置笨重不够灵活。无线遥控有蓝牙、红外线、无线电等方式。蓝牙成本高、体积大、距离短，不稳定；红外线必须直线遥控，范围小，无法穿越障碍物，只能在室内操作。而无线电范围广、可以越过障碍物、价格低廉、性能稳定，且符合安全要求。综合比较采用无线电远距离遥控，确保操作人员百分百安全。无线电遥控组件如图 1-61 所示。

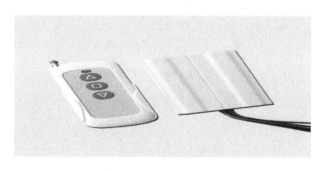

图 1-61 无线电遥控组件

最后将各组件进行整体组装、包装，安全可靠、使用简易、携带方便、广泛适用、成本低廉，处理开关柜断路器无法遥控分闸故障非常有效。遥控紧急分闸装置实物图如图 1-62 所示。

（二）检修中心做法

检修中心的紧急分闸装置主要从安全性、适用性、稳定性、经济性等多个方面进行了考虑，最后得到了一种较为合适的设计方案。

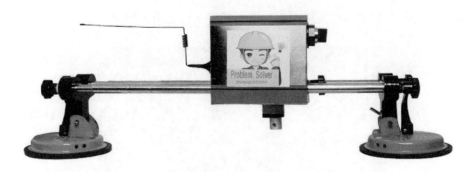

图 1-62　遥控紧急分闸装置实物图

目前研制出的紧急分闸装置实物如图 1-63 所示，该装置主体结构为机械伸缩手臂，材质为铝合金，底座结构采用夹板式固定，可实现远程电动推杆的功能。

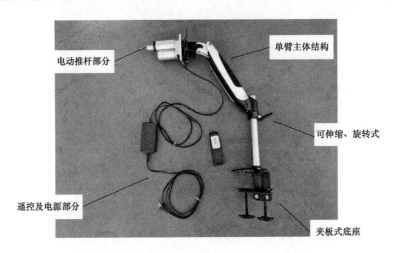

图 1-63　开关柜紧急分闸机械手

当开关柜内断路器出现无法分闸的情况时，将开关柜紧急分闸机械手通过底座固定在合适位置，通过无线遥控驱动机械手的电动推杆，从而可以实现在保证工作人员人身相对安全情况下的事故快速处理。

该分闸机械手的三大优势可以用这三组数字体现。据统计，××地区所辖变电站内接近 80％数量的开关柜设备均是通过按下分闸按钮的形式实现紧急分闸，因此装置所具有的电动推杆功能基本可满足开关柜应急检修需求。此外，装置总体成本可控制在 750 元左右，经测试装置的无线遥控距离最大可达到 30m 左右。由此可见，该装置可适用于绝大多数的开关型号，同时还兼顾了经济性和安全性，具有较高的应用价值。

三、取得成效

运维中心的分闸装置自 2018 年研发成功至今，先后解决××地区 23 座变电站 35kV 及 10kV 开关柜断路器无法遥控分闸故障，避免了非故障线路的停电，将原来的 132min

非故障线路停电时间降至 0min，缩小停电范围，提升供电可靠性。每次故障处理由原本上万户停电范围降低到几百户停电范围，最大限度地保证供电可靠性；每次故障处理产生经济效益约 4.27 万元，已应用 23 次共产生约 98.21 万元经济效益（以 110kV 变电站每台主变压器容量 50MVA，每小时用电量为 4 万 kWh，每次减少停电时间 80min 计算）。

该装置已取得国家发明专利，且获得了浙江省 QC 成果一等奖等多项荣誉，各级领导及运检人员均对其给予很高评价。

而检修中心的紧急分闸装置目前也已在××地区所辖 110kV 鞋都变电站、220kV 商务变电站、220kV 蒲州变电站等十二座变电站的 35kV 及 10kV 开关柜上进行了现场实际运用和测试。结果表明，该装置只需要两个人便能将故障开关改为检修状态，并将断路器可靠拉至柜外。装置携带方便，无需专门运输工具，现场装设时间在 10min 以内，相较于以往的停母线方式，新装置对工作人员的体力消耗大为降低、工作时间大大减少。同时，装置在不同类型开关柜上的应用均十分灵活，操作平稳可靠，极大保障了检修人员的安全。

四、推广价值

所介绍的两套紧急分闸装置经过多代产品的研发改进，已十分成熟可靠，并通过第三方权威机构的检查，完全具备进入技术市场的条件。具有以下可推广价值：

一是有效提升开关柜断路器无法遥控分闸故障处理效率，减少停电时户数，社会效益、经济效益显著。

二是应用安全可靠，有效保证操作人员人身安全和设备安全。

三是适用范围广泛，能够用于国网全部类别变电站开关柜。

四是简易便携，成本低廉。该装置配件均是常规配件，结构简单，使用方便；可随用随拆，携带方便，一个地区多座变电站可共用一套装置。

1-19 滤油机进出油接口转换模块的使用

一、背景及概述

变压器属于变电站一次核心设备，长期处于运行状态，随着设备使用寿命增长，用电负荷日益加大，变压器大、小修项目愈来愈多。而在主变压器大、小修前后有个必要的工序就是变压器的排油和注油。根据 DL/T 573《电力变压器检修导则》的规定，对变压器排油和注油都有严格质量和安全规定，在对变压器本体进行注油时，为了确保本体内不受污染有时还需采用真空注油的方式。

在实际操作中，管路连接是注排油中必不可少的一道工序，但往往是使用同一台滤油机进行先排油后注油的操作，这就意味着在注油和排油之间管路切换的时间将会影响到工作效率。

本项目提出了一种针对 HFC7500 型滤油机的进出油接口转换模块,可以在不拆除进出油管的条件下,切换滤油机的进出油管,提高了主变压器排油注油的效率和质量。

本项目利用三通转换开关实现进油管道和出油管道的转换。当两个三通转换开关都不动作的时候,滤油机进油口与管道 1 相连,出油口与管道 2 相连,进行通道切换时只需要对三通开关进行操作,进油口就与管道 2 相连,出油口与管道 1 相连,从而实现了不拆除进出油管路的情况下进行油管路的切换,避免了油管路的污染。

目前该装置已在 110kV 蟠凤变电站 1 号主变压器、220kV 楠江变电站 2 号主变压器、220kV 场桥变电站 1 号主变压器、110kV 岩头变电站 2 号主变压器等多处主变压器施工现场使用,利用滤油机进出油接口转换模块后,平均每次可以节约排油注油时间约 200s,至少减少油浪费 10L,每年可以减少检修时间 170min,产生经济效益 1 万元,同时可以有效防止受污染的油进入变压器,提高检修的质量,有无形的经济效益。

本项目共发表了 1 篇论文,受理了发明专利 1 项,实用新型专利 1 项,对项目的内容进行了深入的总结,给项目的应用打下了坚实的基础。

二、具体做法

(一) 设计思路和装置原则

HFC7500 型滤油机进出油接口实施自定义化功能改造后,自定义接口 1、2 将替代原滤油机进、出油口(如排油时在控制面板选择 1 进-2 出,定义接口 1 连接主变压器进出油阀门;切换成注油项目时无需人工切换进出油口,只需在控制面板选择 2 进-1 出即可),可杜绝空气进入变压器油管路,不受外界环境影响,保证变压器油品质量,同时节省人工操作,变压器油无外漏不污染环境。装置原理图如图 1-64 所示。

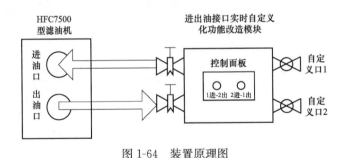

图 1-64　装置原理图

(二) 装置结构和框架

利用三通转换开关实现进油管道和出油管道的转换。当两个三通转换开关都不动作的时候,滤油机进油口与管道 1 相连,出油口与管道 2 相连,进行通道切换时只需要对三通开关进行操作,进油口就与管道 2 相连,出油口与管道 1 相连,从而实现了不拆除进出油管路的情况下进行油管路的切换,避免了油管路的污染。

模块采用一体化设计,管道材料选用 304 不锈钢,耐腐蚀和高温,硬度高,价格适中。阀门选用蝶阀,结构简单,体积小,可以做成多通的形式。管道采用焊接的方式进行连接，牢固耐用。在装置四角安装小车轮，方便运输。模块结构图如图 1-65 所示。

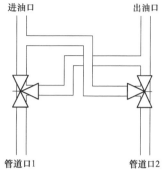

图 1-65　模块结构图

（三）装置功能和性能介绍

利用该模块可以方便快捷地实现进出油管道的切换，具体操作方式如下：

（1）将滤油机连接上转换模块，让阀柄垂直于进出油口方向，如图 1-66 所示。

（2）开启滤油机，可以看到带法兰的管道出油，如图 1-67 所示。

（3）更换阀门的位置，阀柄平行于进出油口方向，如图 1-68 所示。

（4）开启滤油机，可以明显看到出油管换成无法兰的油管，转换模块功能实现，如图 1-69 所示。

图 1-66　阀柄垂直于进出油口方向

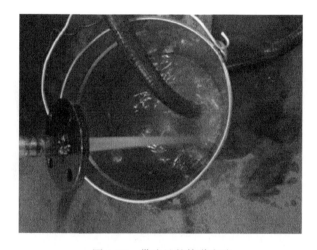

图 1-67　带法兰的管道出油

图 1-68　阀柄平行于进出油口方向

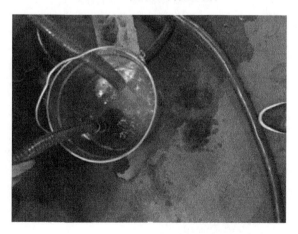

图 1-69　无法兰的油管出油

三、取得成效

滤油机进出油接口转换模块的经济效益如表1-5所示。

表1-5   滤油机进出油接口转换模块的经济效益

项目	传统方式	使用转换模块
时间（s）	197	2.9
油的浪费（L）	10	0

利用滤油机进出油接口转换模块后，平均每次可以节约排油注油时间约200s，至少减少油浪费10L，同时可以有效防止受污染的油进入变压器，提高检修的质量，有无形的经济效益。

四、推广价值

改造单台设备与另购新型设备可节省9万元（单台老旧改造费用约为0.5万～1万元，购买替代机型需10万元），目前国网××供电公司下属检修单位拥有HFC7500型滤油机至少20台，改造提升功能后可节省费用180万元，在省公司、国网推广将节省数额巨大的费用。

除此之外，该产品在涉及液体管道转运时均可使用，比如小型蓄水池、游泳池、油库的注放油等。

1-20   断路器液压机构带电补油装置的使用

一、背景及概述

目前浙江省地区220kV变电站内配置有不少液压机构断路器。其中，液压油外泄是该类型断路器机构中最为常见问题之一，一旦渗漏情况较严重将直接影响断路器正常分合操作，进而影响电网安全平稳运行。

以××地区220kV液压机构断路器中，在运数量比例最高的西门子公司生产3AQ型断路器为例，其传统补油方式为检修人员从储能筒、主阀、油箱处进行注油，但该项工作开展的前提是须申请停电处理，工作过程中还涉及高处作业，存在一定高坠风险。此外，传统补油方式对于检修人员操作技能水平的考验和对相关复杂工器具的依赖性也较高。

在此背景下，为推行"不停电作业"，加快电网新型运检设备研制应用，提升作业效率的要求，基层检修班组研制出了一种液压机构断路器不停电补油装置，从而在技术装备层面实现不停电解决机构渗油问题。

二、具体做法

班组研制出了一种具有很强匹配性，既能可靠保证检修质量、人身及设备安全，又不需要依赖于检修人员技能水平和其他辅助工器具，就能实现断路器液压机构不停电补油的新型装置，从而可以极大提高作业效率和安全性。

在进行可行性分析后，通过绘制图纸、整体优化、制造加工，并紧密结合现场实际，研制出一种不停电补油装置。该装置最终成品如图 1-70 所示，装置主体参考机械式注油泵，它采用了"铸铁泵头＋优质软管（透明）＋专用接口"的结构方式实现，操作上采用人工手动按压的方式进行注油，可以人为控制注油速率和注油量，风险较小。

图 1-70　装置成品

现场使用时，通过将品质合格的新油注入装置桶体，管路清洗后，利用适配接口进行管路与油阀的可靠连接即可进行人工注油。注油完成后利用机构中自带的排气装置对开关进行强排气，基本上可以将开关高压油路气体排净，使得液压系统处在较好的循环状态，从而实现不停电解决断路器渗漏油导致油位不足影响断路器正常运行的问题。

三、取得成效

现场实际应用表明，该不停电补油装置可以在不停电状态下对液压机构断路器进行可靠补油，保障开关正常运行，具备一定可行性和较高安全性。

同样的注油工作，由原来的停电注油方式改为不停电注油方式，每次故障处理时间由原来 5h 缩短到 1h，缩减了 4h，减少时长 80％。同时补油工作从原来的 4 人减少至 2 人即可，减少人力 50％。

四、推广价值

相较于传统注油方式，新装置对工作人员技能水平的要求降低，同时降低了人力物力、工作时间大大减少。此外，所研制装置的制造成本较低，若实现批量化生产，经济成本可控制在 500 元以内。

若能实现该装置的推广，将获得减小作业时长、降低人工成本、缩短停电时间这三个方面实质性的成效。

1-21 开关柜重症监测装置的研制

一、背景及概述

现有开关柜局部放电检测大部分是基于单一的监测方式,且不能实现开关柜的在线监测。在分析比较多种方法优缺点的基础上,提出一种声电联合在线检测方法,即通过同时检测局部放电产生的暂态对地电压信号和超声波信号,实现对开关柜绝缘状态的在线监测,并提供实时有效的开关柜局部放电状态,为开关柜的故障诊断提供监测数据支持,进而完成对高压开关柜运行状态的综合评判。

该装置适用于对检修前运行状态不良的设备进行短期重点监测,以及对可疑、微弱的信号进行长期跟踪检测,也可用于配电环网柜,通过对开关柜的局放信号进行初步定位和放电类型判断,预防开关柜局放缺陷进一步发展恶化可能导致的设备突发性故障。

二、具体做法

监测装置可安装在高压开关柜室内,满足现场环境的要求,进行 24h 不间断运行。以方便安装拆卸为原则进行结构设计,其信号传感器、集控单元、电源同步器在结构上均经过特殊的处理,在内部加装有磁性材料,仅需放置在开关柜体上,便可以使其吸附在开关柜的表面,根据不同的测试点灵活地进行现场安装。在局放的例行检测过程中如果发现开关柜存在局放信号,就可将本套装置安装至现场,单独对局放信号进行监测,以便进一步对局放缺陷进行诊断。

监测装置由传感器、集控单元、监控主机等部件组成。集控单元用于处理从信号传感器获取的信号并将其数字化,然后通过后台处理系统进行局放信号的筛选、分析并完成局放脉冲数值记录、监测局放量发展状况等。

传感器如图 1-71 所示,集控单元如图 1-72 所示。

开关柜重症监测现场布置情况如图 1-73 所示。

三、取得成效

(1) 对于间歇性放电,传统检测手段需要进行至少平均 5 次的跟踪复测,方可制定检修决策。采用重症监测装置后,只需要 1 次就可以实现全过程跟踪,将跟踪次数由 5 次降低为 1 次(每次检测需 3 个人保持不变)。一名一线电力员工来说,平均一个月的工资为 3811.2 元,按一个月 20.9 个工作日,平均每个工作日的工资 182.4 元,因此,采用重症监测系统后,对于每个局部放电监测而言,可以节省:182.4×3(人)×4(次)= 2188.8 元。

(2) 传统的检测手段无法精确判断放电部位,因局部放电引起线路停电后需要 14h 恢复供电。采用重症监测装置,经过长时间的数据积累,可以更加精确地对放电部位和放电类型进行判断，平均只需 8h 就可以完成停电检修，可减少 6h 停电时间。

图 1-71　传感器

图 1-72　集控单元

图 1-73　开关柜重症监测现场布置

四、推广价值

本开关柜重症监测装置是已研发成熟的产品，经有资质的第三方权威机构检测是合格的产品，获浙江省科学技术成果，已获得实用新型专利 2 项，发表论文 3 篇。

1-22 开关柜机构二次回路故障定位装置的研制

一、背景及概述

开关柜作为电力系统重要的高压电报设备，数量占比大，仅××地区 220kV 和 110kV 变电站现有开关柜就多达 6098 面。经统计，开关柜发生故障的概率较高，其中二次回路故障占比又较大，且多为紧急缺陷和重要缺陷，需要能快速地消除。针对变电检修人员定位开关柜机构二次回路故障点耗时长、效率低的现状，研制一种故障定位仪，替代人工使用万用表进行故障定位的传统检修方法，从而缩短开关柜机构二次回路故障定位时间，提高检修工作效率，降低检修人员工作强度。

二、具体做法

一是收集各类开关柜机构二次回路图纸及相应的故障类型，总结不同类型故障判别的逻辑方法，开关柜机构二次回路原理图如图 1-74 所示。

二是设计故障检测仪的各功能模块：电阻测量模块、控制回路模块、模数转换模块、显示模块、供电模块等，测任意两针电阻原理图如图 1-75 所示。

三是采购各模块所需元件、编译功能程序，完成故障检测仪整机制作，实现各类开关柜机构二次回路故障的定位。装置硬件构造图和人机交互界面分别如图 1-76 和图 1-77 所示。

三、取得成效

表 1-6 所示为装置在 2019 年 9 月 5 日～10 月 9 日的实际应用情况，通过收集近阶段检修人员处理开关柜机构二次回路故障的定位时间，了解到人工平均定位时间为 27.4min，而使用故障检测仪进行相同次数的同类型故障定位，平均花费时间为 9.4min，时间缩短了 65.7%。

表 1-6　2019 年 9 月 5 日～10 月 9 日××地区范围内开关柜机构二次故障解决时间

时间	变电站	缺陷内容	缺陷等级	判断结果	定位故障	解决故障	正常核对
2019.9.5	院桥变电站	繁荣 305 开关手车现场在工作位置，现场监控后台显示在试验位置，两者不一致	重要	正确	9.5	13.3	3.0

时间	变电站	缺陷内容	缺陷等级	判断结果	定位故障	解决故障	正常核对
2019.9.10	榴岛变电站	古龙 1652 开关储能不能储。开关不能分合	紧急	正确	9.7	14.5	4.7
2019.9.16	温岭变电站	10KV 母分开关控制回路断线告警	紧急	正确	8.5	11.5	3.2
2019.9.20	山坦变电站	项岙 762 线冷备用状态控回断线，绿灯不亮	重要	正确	9.2	14.7	2.8
2019.9.20	马公变电站	1 号补偿所用变压器控制回路断线告警，所用变压器开关目前处于冷备用状态	紧急	正确	9.8	15.5	4.0
2019.9.24	健跳变电站	健七 3527 线误发分闸信号，实际为合闸，报重大缺陷	重要	正确	10.0	16.5	3.2
2019.9.27	天台变电站	天城 3675 保护测控装置弹簧储能告警	紧急	正确	9.2	13.7	3.8
2019.10.1	玉环变电站	车站 159 开关一经遥控合闸，保护测控装置即无电源，控制回路断线，开关无法合上	紧急	正确	10.1	12.5	4.6
2019.10.9	文峰变电站	2 号电容器开关控制回路断线，无法分闸	紧急	正确	8.8	11.5	3.6

实际应用表明该装置对派工人员的要求低，当发生开关柜机构二次回路故障时，经验尚浅的员工也能通过装置快速定位回路故障并排除，在人员派工选择上，班组由先前的 7 人扩大到全员 13 人，大大缓解了当前开关柜机构二次回路排查用工人员不足的问题。

利用该装置，无需准备开关柜机构二次回路图纸，为抢修争得了时间，平均每次抢修可以节省 8min 准备时间，缩短了工作前的准备时间。

对于落地式开关柜机构二次回路故障，原先由于需要检修人员下蹲或者平躺在地上进行故障排查，使用该装置大大减小了检修人员的工作强度，平均每台落地式开关柜故障排查时间可以节约 35min，效果更加显著。

四、推广价值

目前该故障定位仪属于已研发成熟的产品，并经有资质的第三方权威机构检测，故障定位的正确率高达 97.5%，工作性能稳定，体积小、质量轻、便于携带，是成熟合格的产品。该装置本体采用 64 针设计，通过设计不同的接头，便可以解决一台装置适应不同开关柜的问题，实现了应用的通用性，适应多种厂家、型号的开关柜机构二次回路排查。如图 1-78 所示，可以用于检修人员、运行人员、外包施工人员以及私营用电企业对开关柜机构二次回路故障的查找，且能大大缩短了开关柜机构二次回路故障的处理时间，有效地提高了开关柜机构二次回路故障的处理效率，该装置具有可扩展性，设计有程序更新的接口，可以针对更改后的开关柜图纸、新建的开关柜等及时更新存储的程序。

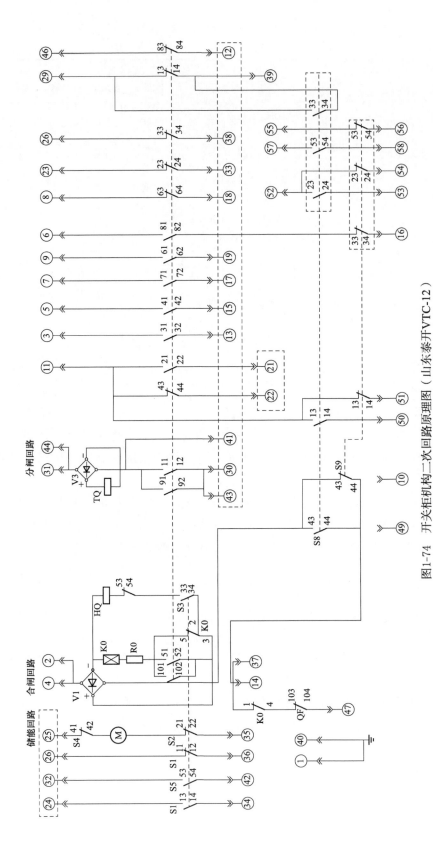

图1-74 开关柜机构二次回路原理图（山东泰开VTC-12）

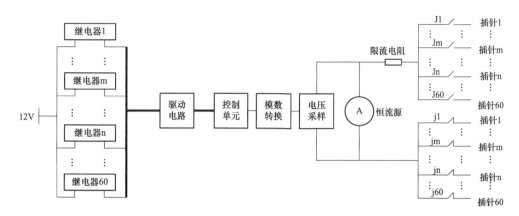

图 1-75　测任意两针电阻原理图

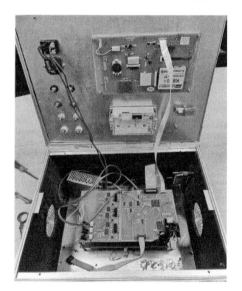

图 1-76　装置硬件构造图

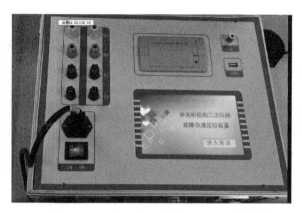

图 1-77　人机交互界面

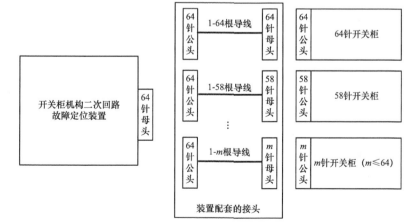

图 1-78　通用接头设计原理图

1-23 智能型控制回路断线缺陷预判装置的研制

一、背景及概述

继电保护和测控装置作为切除故障的第一道防线,通过外围的二次相关回路实现控制断路器分闸、合闸的功能,达到有效隔离故障、转供负荷、复役线路等目的。控制回路由正电源、保护装置、电缆、开关端子箱、断路器、负电源等几个部分组成,涉及一次专业和二次专业所管辖的设备范畴。

变电站断路器控制回路一旦出现断线(简称控制回路断线)故障,就意味着该间隔的保护测控装置无法远方(就地)分、合断路器,属于紧急缺陷。

值班人员根据现场断路器位置状态、指示灯、特殊气味等异常现象,判断故障为一次专业或者二次专业,再告知相应的检修部门前去处理缺陷。检修部门根据值班人员反馈的缺陷信息,针对性地派出一次专业人员或者二次专业人员。如果检修人员到现场检查后确认为本专业范畴,进行故障处理;反之,重新通知另一专业人员再来处理。

这种依赖人员技术水平和工作经验为判断依据的做法难免会出现错判情况,直接影响到正确派出专业检修人员,常常造成人力物力浪费。

因此,针对处理控制回路断线缺陷时存在派工针对性弱、人力资源浪费、作业效率低等问题,研制断路器控制回路断线缺陷预判装置,实现智能故障判断,替代值班人员人工判别,现场可以直接查看故障判断结果并告知专业技术人员,既能够避免判断错误的情况,又可降低判断时间,对正确派出专业技术人员提供有力的技术支撑。

二、具体做法

本智能型控制回路断线缺陷预判装置研制的主要内容有总结控制回路断线故障的现场判别方法、分析控制回路断线故障判断逻辑、设计并制作控制回路断线故障预判装置、检验装置实用性与准确性。

1. 总结控制回路断线故障的现场判别方法

当断路器的任一相跳闸回路和合闸回路同时断开时发生"控制回路断线",翻阅各类操作箱及断路器机构二次回路图纸,结合现场处理此类故障的方法可知,通过量取断路器分闸、合闸线圈正电源处的电压,并根据断路器状态,可判断出控制回路断线故障的缺陷范围,即属于一次专业或二次专业技术范围。

2. 分析控制回路断线故障判断逻辑

根据控制回路断线判别方法可知:将合闸回路和跳闸回路上的一、二次专业的分界点作为测试点,根据测试点一(U_T)和测试点二(U_H)的电压数值组合情况进行分析,能够实现控制回路断线缺陷所属专业的判断。以断路器控制回路直流电压为±110V的变电站为例显示断路器控制回路示意图如图1-79所示。

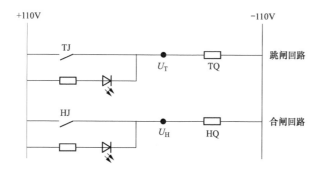

图 1-79　断路器控制回路示意图

根据断路器所处的不同位置状态，以及测试点电位分析判断故障逻辑如表 1-7 所示。

表 1-7　　　　　　　　　　　控制回路断线故障判断逻辑表

断路器状态	测试点	测试点电位	判断结果
跳位	U_T	−110V±10V	跳圈通，一次专业故障
		0V±10V	二次专业故障
	U_H	110V±10V	合圈断，一次专业故障
		0V±10V	二次专业故障
合位	U_T	110V±10V	跳圈断，一次专业故障
		0V±10V	二次专业故障
	U_H	−110V±10V	合圈通，一次专业故障
		0V±10V	二次专业故障

进而可得到预判原理的示意图如图 1-80 所示。

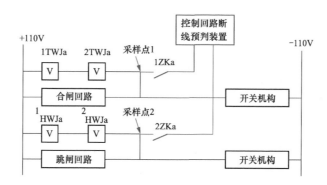

图 1-80　控制回路断线预判原理图

（三）　设计并制作控制回路断线故障预判装置

装置主要分为电源模块，采样模块，比较判断模块（CPU）以及人机模块（小液晶）。其硬件结构和装置三视图分别如图 1-81 和图 1-82 所示。

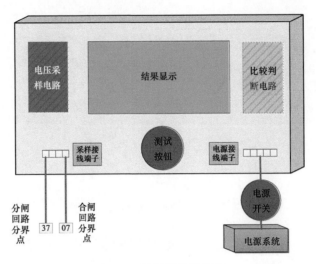

图 1-81　装置硬件结构图

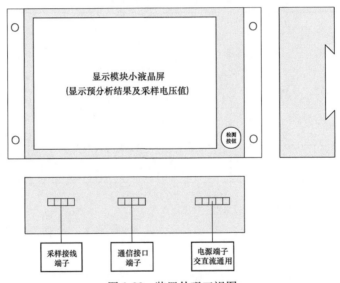

图 1-82　装置外观三视图

（四）检验装置实用性与准确性

智能型控制回路断线缺陷预判装置研制成功后，分别在模拟变电站和运行变电站进行测试。

2017 年 7 月 27～31 日，在模拟变电站进行检验，根据控制回路电源为直流 220V 或者 110V，以及是否含有监视回路，将××地区范围内所辖变电站控制回路分为：A 类间隔（直流 220V，不带监视回路），B 类间隔（直流 220V，带监视回路），C 类间隔（直流 110V，不带监视回路），D 类间隔（直流 110V，带监视回路）。

模拟测试共安排 800 次控制回路断线，其中一次专业故障 400 次，二次专业故障 400 次。控制回路断线缺陷预判装置正确判断出"一次专业问题"400 次，正确判断出"二次专业问题"故障 400 次。因此，在实验室模拟环境中，控制回路断线预判装置取得了

100%正确率的判断效果。

2017年12月28日起,在220kV金清变电站、悬渚变电站,110kV白云变电站、巧胜变电站、船山变电站、东扩变电站和安康变电站共12条线路间隔上开关柜内安装了该装置。截至2018年6月19日,这12条间隔发生过3次控制回路断线缺陷,运维人员利用该装置方便快捷地得知缺陷所属专业,变电检修专业根据判断结果针对性地派出专业人员前去处理。装置判断结果示例如图1-83所示。

图1-83　装置判断结果显示

由于该装置功能完善,经测试证明能够正确预判控制回路断线缺陷所属专业,且使用效果较好,改变了原有的单纯依靠工作经验派工的模式,极大地提高了工作效率。

三、取得成效

本项目研制的智能型控制回路断线预判装置能够正确判别出缺陷所属的专业,指导变电检修专业派出相应技术人员,提升派工针对性。同时,检修人员到达现场后不再需要判别缺陷所属专业,节省了处理该缺陷的时间。

具有的功能特点:一键式自动智能分析预判控制回路断线缺陷所属的专业;直观显示预判结果。

在实现上述功能的同时,该智能型控制回路断线缺陷预判装置所具有的性能指标如表1-8所示。

表1-8　　　　　　　　　　　　装 置 的 性 能 指 标

序号	内容	性能指标
1	可靠性	不影响原有回路分、合闸开关的功能
2	独立实现	不改变原有的控制回路,不依赖分、合闸监视回路,不依赖原有辅助触点
3	适用范围	能对控制电源为直流110V和220V的控制回路进行判断
4	抗干扰能力	能够在特定温度、湿度和电磁干扰环境中正常运行

除此之外,该装置具有普适性,在不同电压等级的发电厂、省内其他公司变电站、全

国变电站内同样适用，且安装、使用方法相同。

四、推广价值

经检验该装置使用效果较好，改变了原有的单纯依靠工作经验派工的模式，有效指导专业派工，极大地提高了工作效率，并且大大缩短停电时间，减少用电量损失，提升用户满意度。

如果进一步将其应用至对××范围乃至全省、全国的各电压等级变电站的断路器控制回路中，将具有良好的应用前景。当发生控制回路断线缺陷时，均可以利用该装置智能化预判出缺陷所属的专业范围，做到合理派工，起到大大节约人力、物力的良好效果。

该智能型控制回路断线缺陷预判装置属于已研发成熟的产品，具备国网××供电公司安监部、运检部等部门的多重资质认证，现已作为成熟合格的产品在 2018 年国网浙江省电力有限公司职工技术创新成果转化交易会上与武汉凯默电气有限公司完成转化签署。

1-24 10kV 避雷器试验支架的研制

一、背景及概述

随着电网的不断发展，对于安全和规范的要求也在不断深化和提高，然而老旧的 10kV 避雷器试验方法又存在着很多的不足和漏洞。归纳现阶段所使用的 10kV 避雷器试验方法存在以下问题：

(1) 现阶段所使用的避雷器试验方法没有配套专门的外界固定支撑物，导致了避雷器固定不牢靠。同时，因为没有专门的测试位置，所以每次避雷器所放置的试验位置均存在着一定的安全风险，也会对实验结果产生一定的影响，导致实验结果不准确。

(2) 因为没有特制的试验支架，所以避雷器一般采用水平放置的方式，然而这种平放的方法经常会导致避雷器滑落以及两端接线端不易夹取。

(3) 每次试验前工作人员均需要为避雷器试验寻找合适的安放点，既无法保证有适当的避雷器安放位置，也为实验带来了麻烦。

(4) 10kV 避雷器体积较小，在实验过程中高压引线离地太近，存在安全隐患。

针对以上问题，同时为了缩短避雷器作业时间、提高安全系数，我们研发了专门的 10kV 避雷器试验安全支架以改进现有的作业方式。

二、具体做法

(1) 采用上下两层类三角形的平台，上层为测试平台，可同时安放一组（即 A、B、C 三相）需测试的避雷器，下层作为平衡构架，起到支撑作用，中间采用绝缘柱连接。在上层放置避雷器的位置打好螺钉孔以固定避雷器。在最底端每个底角安装一个滑轮，以提供移动能力。支架结构图如图 1-84 所示。

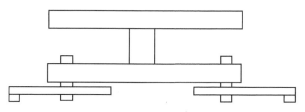

图 1-84　可移动的三角形支架

（2）在使用的材料方面，采用了 3 个移动灵活便捷、位置固定准确、安装便捷、成本低的卡扣式移动轮；支撑平台采用了结构质量较轻，便于携带，剪裁、切割制作简单的胶木板；固定测试平台采用了强度高，韧性好的钢板。成品如图 1-85 所示。

（3）实际使用支架时如图 1-86 所示，在平台上每次装设三支避雷器并设置接地端，然后依次进行试验。三相设置标记，便于区分，底部支腿可以折叠、方便灵巧。

图 1-85　避雷器试验支架成品

图 1-86　试验效果图

三、取得成效

本次成果，成功解决了因没有专门的固定支架而导致的避雷器在实验过程中高压引线离地太近引起的安全隐患，也解决了测试时水平放置避雷器导致避雷器极易滑落等一系列问题。使用时对新老试验的特点进行了对比，在表 1-9 中给出。

表 1-9　　　　　　　　　　　　新 老 试 验 特 点 对 比

新/旧试验方法对比	原方法	新方法
固定是否牢固	平躺放置	螺栓紧固
安全可靠	存在安全隐患	安全系数提高
是否实用	试验不方便	结构简单、便于携带
试验效率	6 支/h	18 支/h

由表 1-9 可知，新产品不仅提高了 10kV 避雷器的试验效率，由原先的每小时试验 6 支避雷器提高到每小时 18 支，也提高了试验数据的准确性，保证了变电设备的安全运行。

新型避雷器试验支架的使用，同时也消除了试验过程中可能出现的安全隐患。

四、推广价值

10kV 避雷器试验安全支架为已研发成熟的产品，并经公司安监部监测，成本大约在300 元。

成果简单实用，成本低廉，实物已在国网××供电公司得到实际应用，其他县市公司也在借鉴应用，具有广泛的推广应用价值。

进一步完善本装置的功能，增加声光告警装置及安全警示标识，且推广应用至各个公司，以提高变电检修人员的工作效率和安全效益。

1-25　存在间歇性局放异常的变压器状态监测

一、背景及概述

针对存在间歇性局放异常的变压器（电抗器），内部可能存在处于早期发展阶段的间歇性放电缺陷，而通过现场时间有限的带电检测难以有效捕捉信号发现缺陷的存在，即使存在油色谱数据呈阶段性波动变化趋势，也无法对异常变压器（电抗器）的运行状态进行及时准确的评估，因此设想在异常变压器（电抗器）本体上安装集成特高频、高频、超声波局部放电检测功能的重症监护系统，开展连续不间断远程监测，并基于 4G 无线通信实现远程操作，可有效发现设备内部存在的缺陷及其发展趋势，大大提升设备状态评价准确性，为设备及时停电检查处理决策提供依据。

二、具体做法

（1）根据变压器（电抗器）的结构特点，安装集成特高频、高频、超声波中两种及以上局部放电检测功能的重症监护系统，通过 4G 无线通信进行远程操作和实时不间断监测，并保证设备内部缺陷放电信号能全部记录保存，便于查看和统计分析。

（2）根据重症监护系统监测到的设备内部缺陷间歇性放电情况，适时安排现场带电检测确认并进行定位诊断，为分析设备缺陷提供重要依据。

（3）根据重症监护系统监测数据分析设备内部间歇性放电缺陷发展趋势和严重程度，准确评估设备运行状态，做到有计划性的停电检查处理，避免设备出现突发性严重故障。

三、取得成效

安吉站安塘Ⅱ线高抗 A 相，自 2016 年 5 月投运后于 2017 年 3 月 17 日首次出现乙炔，含量为 $0.72\mu L/L$，随后乙炔含量平稳，运行期间现场带电检测从未见明显异常；2019 年 5 月 29 日乙炔出现增长（含量为 $1.3\mu L/L$，首次超过 $1\mu L/L$），但现场安排带电检测亦未发现明显放电信号。

2019年6月12日，对安塘Ⅱ线高抗A相安装局部放电重症监护系统，用于实时监测跟踪高抗内部局部放电情况。根据高抗器身结构，分别在高抗器身上方四周的缝隙处安装了特高频局部放电传感器，在高抗的铁芯、夹件接地排处安装了高频局部放电传感器。局部放电重症监护系统主机上集成特高频、高频局部放电检测模块，可对信号进行实时不间断监测并保存监测数据，试验人员可随时通过4G无线通信随时随地对系统主机界面进行远程查看和操作，及时发现设备内部异常发展情况。局部放电重症监护系统现场安装情况如图1-87所示。

(a) 特高频传感器安装

(b) 高频传感器安装

(c) 重症监护系统主机

图1-87　局部放电重症监护系统现场安装情况

安装局部放电重症监护系统之后，多次发现高抗内部确实存在着间歇性的局部放电信号，特高频、高频信号同时出现同时消失，在相同时间内空间背景传感器未见类似信号出现，且当放电信号持续时间较长时，随后的油色谱在线监测数据和离线检测数据均出现较为明显的增长，因此基于局部放电重症监护系统监测结果可初步判断放电信号来源于设备内部。局部放电重症监护系统相同时间点的特高频、高频在线监测图谱如图1-88所示。

通过局部放电重症监护系统监测发现，2019年10月13日、11月1日高抗内部持续放电时间较长，当日随即安排试验人员抓住时机开展带电检测，现场均能有效捕捉放电信号并完成信号确认以及定位诊断工作，避免了盲目赶赴现场等待而一无所收获的情况。现场特高频、高频局部放电检测结果显示，高抗内部确实存在放电性故障，放电源定位于X柱夹件上或与夹件相连的部件上，距高抗底座高度约269cm±30cm、距高抗西侧壁约132cm±30cm、距高抗北侧约197cm±30cm。高抗设备内部放电源定位的俯视图和三维图及相关检测图谱如图1-89所示。

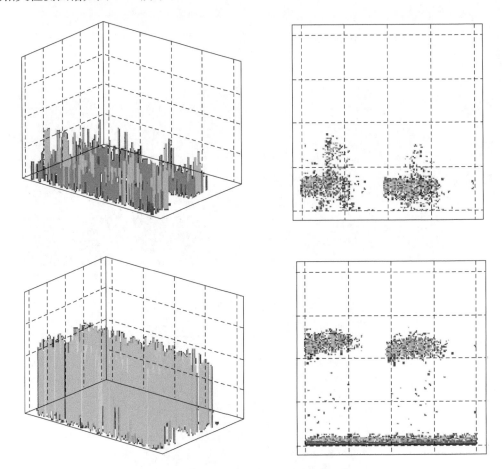

图1-88　特高频、高频在线监测图谱

对局部放电重症监护系统中监测到放电信号的时间段及放电信号发生频度进行统计分析可以看出，高抗内部放电频次愈加频繁，每次连续放电时间也越来越长，相对应的油中乙炔含量也持续增长，说明设备内部缺陷越来越严重，应及时安排停电进行检查处理。局放发生频度图如图1-90所示，油中乙炔含量变化趋势图如图1-91所示。

2020年1月6日，对安塘Ⅱ线高抗A相返厂解体检查，发现器身X柱地屏异常放电迹象明显，其中一块地屏存在两处严重放电烧蚀区域，分别位于从上往下第28～32条、第48～54条铜带之间，其中第30条、第50条铜带已烧蚀断裂；部分地屏铜带及其外包绝缘纸存在明显过热变色迹象，变色的铜带与铁芯气隙位置相对应；地屏铜带整体褶皱现象明显，如图1-92所示。

通过本经验方法的开展，掌握了存在间歇性局放异常的变压器（高抗）类设备内部缺陷放电的规律，实现了对存在间歇性局放异常的变压器（高抗）类设备的有效监测和管理，先后准确评价安塘Ⅱ线高抗 A 相、安兰Ⅰ线高抗 A 相、安兰Ⅰ线高抗 B 相、湖安Ⅱ线高抗 A 相设备运行状态，并根据状态评价结果及时安排停电检查处理，避免了设备内部间歇性放电缺陷发展为突发性严重故障，设备运行安全得到极大保障，获得了国网设备部、省公司设备部的表扬。

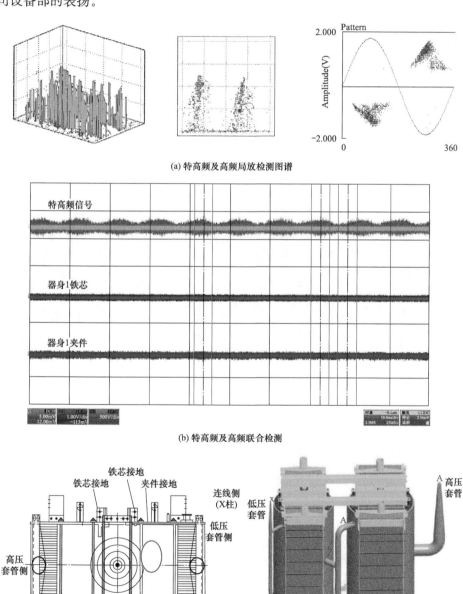

(a) 特高频及高频局放检测图谱

(b) 特高频及高频联合检测

(c) 放电源定位区域

图 1-89　高抗设备内部放电源定位及相关检测图谱

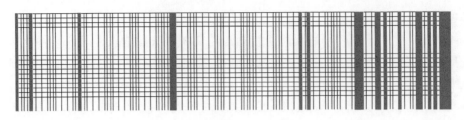

图 1-90　局放发生频度图

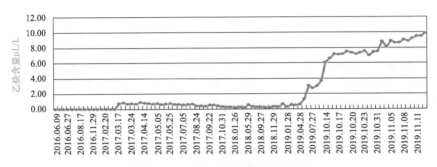

图 1-91　油中乙炔含量变化趋势图

图 1-92　安塘Ⅱ线高抗 A 相 X 柱地屏两条铜带断裂

四、推广价值

本经验方法可针对电力系统中存在间歇性局放异常的变压器（电抗器）设备进行推广应用，提高对重要设备运行状况的掌控力度，减少人力物力的浪费。

1-26　新型吊装工具在 GIS 检修中的应用

一、背景及概述

目前新建变电站多采用国网典型设计，广泛使用 GIS 设备或 HGIS 设备，典型设计中 GIS 设备场地布置紧凑，在日常检修工作中经常遇到以下问题。

1. 主变压器低压侧总断路器加装

因主变压器侧隔离开关发热、投切断路器故障频发等消缺工作，设置总断路器可减少主变压器停电时间，但存在以下问题：一是主变压器低压侧均为运行汇流母线及间隔，加装设备为 GIS 设备，基础打桩和设备吊装安全距离不足；二是基础打桩时间较长，且无法和设备吊装同步开展，涉及多次长时间陪停 500kV 主变压器。主变压器低压侧布置示意图如图 1-93 所示。

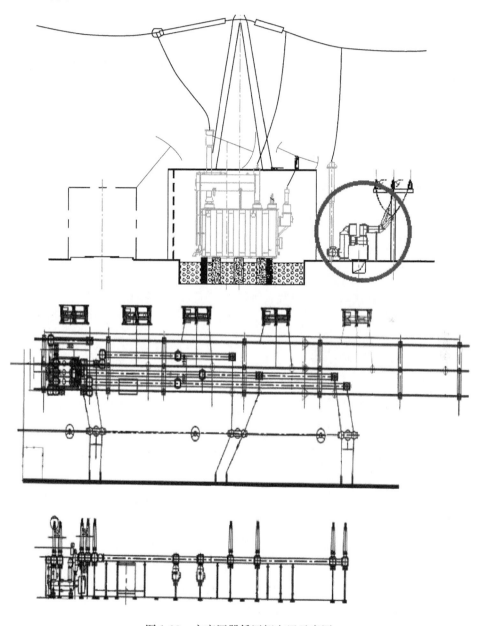

图 1-93　主变压器低压侧布置示意图

2. GIS 设备更换

GIS 设备或 HGIS 设备因设备紧凑，布置方式常为断路器置底结构，存在问题如下：一是更换电流互感器、断路器本体过程中，常规操作为拆除上方闸刀（因设备结构，可能涉及相邻管母），扩大停电范围；二是断路器更换涉及电流互感器吊装，需二次同流，存在较大工作风险；三是使用较多六氟化硫气体，影响大气环境；四是开关碟簧机构位于线路套管下方，与套管距离较近，存在吊装距离不足问题。GIS 设备布置情况如图 1-94 所示。

图 1-94　GIS 设备布置情况

二、具体做法

变电检修中心联合浙江省送变检公司研发了 GIS 门型吊装工具，它采用链条葫芦提升和降落被吊设备，并将整体门型吊架放置在两个水平槽钢内，通过滚轮进行滑动拼接。

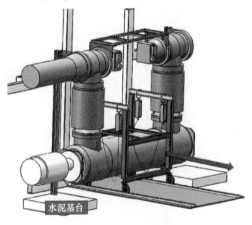

图 1-95　吊架示意图

1. GIS 设备拼接

可采用运输小车将 GIS 管道运输至指定地点，并转运至 GIS 门型吊架上。拼接过程中，采用链条葫芦控制法兰面上下对中，通过导轨控制法兰面左右对中。

2. 断路器拆除

可整体将断路器灭弧室整体下沉，并通过吊架缓慢移除，安装过程相反。吊架示意图如图 1-95 所示。

三、取得成效

该新型吊装工具适用于变电站内 GIS 管道相邻的主变压器低压侧母线、线路出线套管等重要设备带电运行，无法满足吊车作业安全距离要求的情况下进行更换作业，或直接对断路器进行沉降，可缩小 GIS 设备拆解范围，便于施工。目前已在仁和变电站仁苗 4Q54

线开关抢修、永康变电站电流互感器增容改造、由拳变电站 GIL 设备拼装工作中进行运用，有效减小了设备停电范围和工作量。目前开展情况如下：

1. 由拳变电站 GIL 管道不停电拼接

因由拳变电站 220kV 电网影响，无法按照间隔轮停方式开展 GIL 设备拼接。为确保设备在不停电条件下完成设备拼接工作，现场研发了 GIS 门型吊装工具，它采用链条葫芦提升和降落被吊设备，并将整体门型吊架放置在两个水平槽钢内，通过滚轮进行滑动拼接。

采用运输小车将 GIS 管道运输至指定地点，并转运至 GIS 门型吊架上。拼接过程中，采用链条葫芦控制法兰面上下对中，通过导轨控制法兰面左右对中。管道不停电拼接现场使用情况如图 1-96 所示。

图 1-96　管道不停电拼接现场使用情况

2. 断路器更换情况

一是永康变电站电流互感器增容改造，将断路器整体沉降移除，再将电流互感器吊出，减小停电范围。二是句章变电站仁苗 4Q54 线开关采用开关沉降方式，避免停役母线处理缺陷。断路器更换现场情况如图 1-97 所示。

图 1-97　断路器更换现场情况

四、推广价值

可在其他公司 GIS 设备运行变电站内运用，减少停电范围，或实现不停电拼装工作。

1-27　换流变压器储油柜胶囊泄漏免拆卸快速诊断

一、背景及概述

换流变压器储油柜出现胶囊破损时，按常规处理工艺需要棉棒底部探油、储油柜排油、胶囊泄压、胶囊吊出检查、油务处理等工序，工艺复杂工期较长，且易受天气影响。为此，提出了一种换流变压器储油柜胶囊免拆卸诊断泄漏的技术方法，利用棉棒底部探油、静态保压试验、微正压保压排气三种方式相结合，实现了在不拆卸胶囊的情况下对胶囊是否泄漏做出快速、准确判断，大大优化了检修工艺，缩短了检修工期，并通过现场实践，验证了该项技术方案的可行性。

二、具体做法

为准确判断胶囊是否破损，简化诊断工艺，提升工作效率，结合现场实际总结一种典型胶囊免拆卸诊断方法，由三步工艺流程组成：棉棒底部探油、静态保压试验、微正压保压排气，具体介绍如下。

1. 棉棒底部探油

拆卸储油柜顶部呼吸器管路，利用缠绕棉布的铁丝深入胶囊底部，观察棉棒头部油迹，该方法适用于排查胶囊中下部破损泄漏缺陷。该方法多用于胶囊中、下部破损，不适用于胶囊上部或轻微破损情况。

2. 静态保压试验

向胶囊充入微正压干燥空气，开展静态保压试验，观测连接管路压力表计示数变化情况。该方法多用于排查胶囊中、上部破损，不适用于胶囊砂眼类轻微破损。

3. 微正压保压排气

通过给胶囊充入微正压干燥空气，使胶囊内充满空气，但无明显压力，打开储油柜顶部排气塞观察绝缘油溢出情况，该方法适用于胶囊砂眼类微小破损。充气保压后排气塞冒泡情况检查如图 1-98 所示。

三、取得成效

有效提高换流变压器储油柜胶囊故障诊断效率，降低设备缺陷发生率，设备运行可靠性得到显著提升。

案例一：棉棒底部探油。2015 年 6 月，某站极 1 高端 Y/D-B 相换流变压器胶囊泄漏报警出现，现场采用棉棒底部探油发现胶囊内进入大量绝缘油，吊出储油柜胶囊检查发现底部有贯穿性破损。

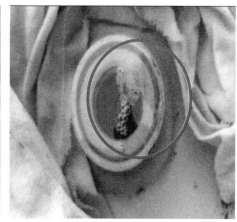

图 1-98　充气保压后排气塞冒泡情况检查

案例二：静态保压试验。2017 年 5 月，某站极 1 高端 Y/D-A 相、极 2 高端 Y/Y-B 相换流变压器胶囊泄漏报警，通过胶囊底部探油未见异常，通过对胶囊充入 0.03MPa 以内的压力，静态保压发现胶囊压力指示数下降，排查发现储油柜顶部接口法兰存在隐蔽裂缝，如图 1-99 所示。

案例三：微正压保压排气。2019 年 2 月，某站极 1 高 Y/Y-C 相换流变压器胶囊泄漏告警出现，现场采用胶囊底部探油与胶囊静态保压均未见异常，储油柜胶囊充入 0.01MPa 微正压保压，发现储油柜顶部排气塞有微量气泡冒出，判断胶囊存在微小破损，共用时约 2h。吊出胶囊，并对胶囊充入水和气进行加压，检查发现胶囊有 5 处砂眼，如图 1-100 所示。

图 1-99　胶囊顶部接口法兰破损

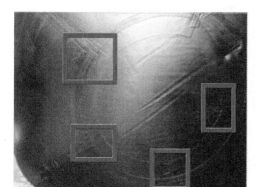

图 1-100　极 1 高 Y/Y-C 相换流变压器储油柜胶囊砂眼

统计某换流站投运以来的胶囊破损案例，如表 1-10 所示。常规技术在四年内诊断 5

台胶囊异常，而新型诊断技术在一年内诊断出 6 台胶囊破损。相比于常规胶囊泄漏，新型免拆除诊断胶囊破损技术具有更短的工期与更高的准确率。

表 1-10　　　　　　某换流站换流变压器胶囊泄漏诊断案例统计表

序号	换流变压器	诊断时间	用时（h）	技术
1	极 1 高 Y/D-B	2015.6.15	7	常规
2	600kV 备用	2015.6.15	7	常规
3	极 1 高 Y/D-A	2017.3.1	7	常规
4	极 2 高 Y/Y-B	2017.3.1	7	常规
5	极 2 高 Y/D-B	2017.6.6	7	常规
6	极 1 高 Y/Y-C	2019.3.5	2	免拆除
7	极 1 高 Y/Y-B	2019.4.25	2	免拆除
8	800kV 备用	2019.4.26	2	免拆除
9	极 2 高 Y/D-B	2019.12.12	2	免拆除
10	极 2 低 Y/D-C	2019.12.11	2	免拆除
11	极 2 高 Y/Y-A	2019.12.10	2	免拆除

四、推广价值

（1）相比于常规方式，能够有效简化诊断工艺、控制检修工期、提高工作效益。经过实践证实，新型诊断技术方案具有更高的可行性与可靠性。

（2）新型诊断技术方案不拆卸胶囊、不排油，受外界环境等因素干扰较小、操作简单，流程简化、更容易实现，大大提高了现场工作效率。

（3）利用新型技术方案、现场停电损失由 0.14 亿 kWh 降低至 0.04 亿 kWh，按 0.5 元/kWh 计算，相比于常规处理方案，单台换压器胶囊破损诊断可产生 500 万元经济效益。

（4）新型技术方案具有自适应功能，可应用于各电压等级换流变压器，并可供常规变压器借鉴。可引入新建工程，提升变压器储油柜胶囊验收质量管控。可引入变压器胶囊常态化维护检测及更换判据，提升变压器储油柜胶囊可靠性管理。

（5）该成果已经形成了成熟的检修策略，可在全省变电站范围内实施应用。

1-28　GIS 设备户内化综合治理

一、背景及概述

GIS 设备理论上属于全工况设备，可适应各种运行条件，但在实际使用中，受材质、工艺、运行环境等影响，户外 GIS 设备频发户外设备锈蚀、户外箱体内凝露、操作机构进水卡涩等缺陷（如图 1-101 和图 1-102 所示），与之形成对比的是，户内 GIS 设备运行环境较好，缺陷发生率明显较低。

目前，治理箱体漏水主要采用一封、二通、三疏、四调，这些方法只能在一定程度上能缓解箱体受潮的情况，且不能解决筒体锈蚀等其他问题。对此，国网浙江省电力有限公司××供电公司试点推进户外 GIS 设备户内化治理，为户外 GIS 设备定制防雨"大棚"，治理设备隐患，同时辅以 SF$_6$ 气体监测系统、照明系统、消防系统、通风系统、视频监控系统，将户外 GIS 设备完美地"移植"到户内，整体提升设备健康水平。

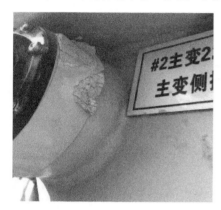
图 1-101　筒体腐蚀

图 1-102　机构箱进潮严重锈蚀

二、专业管理的目标描述

户外 GIS 设备综合治理目标主要包括以下两个方面：

（1）改善 GIS 设备运行环境，降低设备缺陷发生率，提高设备运行可靠性。

（2）结合停电对具体 GIS 设备实施隐患治理和反措整改：套管均压环更换、三通阀加装、断路器三相气室分开、温湿度控制系统改造、接地开关绝缘垫更换、分合闸指示装置改造等反措项目。

改造指标体系及目标值如表 1-11 所示。

表 1-11　　　　　　　　　GIS 设备户内化综合治理指标体系及目标值

序号	指标名称	目标值
1	环境原因缺陷发生率	0%
2	反措完成率	100%

三、具体做法

（一）工作流程图　（见图 1-103）

（二）项目实施

1. 不停电施工

不停电施工不涉及电气设备，仅有土建工作内容，主要是基础开挖、浇筑及 GIS 防护棚框架的初步搭建。自 10 月 11 日～11 月 13 日，共 34 天。

在初步翻整处理地面后，开始进行防护棚立柱深基坑挖掘工作。靠近设备的 A 轴部分，需采用人工挖掘方式，确保设备安全稳定运行。在场地开阔、施工条件更佳的 B 轴区域，可采用小型机械开挖。在开挖基础的过程中，同时对先期基础进行垫层、钢筋捆扎、模板支护、混凝土浇筑以及养护工作，随后开展圈梁的开挖工作，并进行钢筋捆扎以及模板支护制作工作。

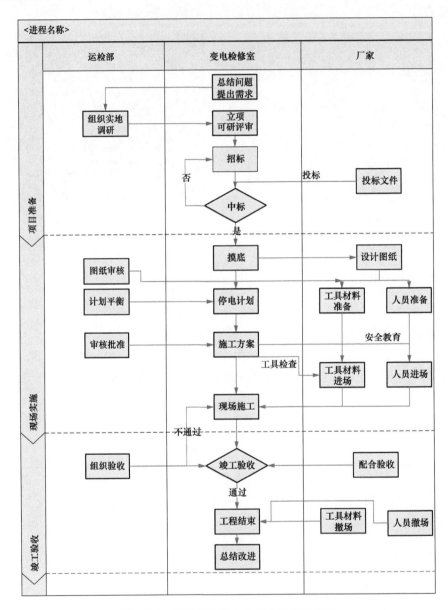

图 1-103　GIS 设备户内化综合治理流程图

设备不停电情况下，在施工过程中需时刻考虑与带电设备保持充足的安全距离。由于 B 轴区域较为开阔，能够保证足够的设备不停电安全距离，施工条件较好。因此在设备不停电的情况下，先在该区域安装立柱并砌筑砖墙。该阶段完整的施工过程如图 1-104 所示。

图 1-104　施工过程

此阶段施工危险点如下：

小型机械开挖时注意接地网情况，遇到接地网时停止挖掘，采用人工开挖方式，防止破坏地网，连带破坏设备接地及设备本体；由于设备带电，立柱安装采用纯人工作业，立柱和部分钢梁组装仅能选取空旷位置的立柱进行安装；基础开挖时注意及时清理堆土，防止堆土过高塌入基坑，对内部工作人员形成伤害。

2. 停电施工

停电施工主要为套管升高、防护棚上部墙体安装、立柱、钢梁及屋顶安装。工期自11月14日～12月5日，共22天，期间涉及间隔轮停及220kV全停等多种停电方式。

设备停役后，土建部分继续制作屋顶、门框以及房屋围墙，如图 1-105 与图 1-106 所示。电气部分开始对户外 GIS 设备进行检修改造，使其适应户内化运行的要求，并结合停电窗口处理以往遗留的设备问题。首先进行部分间隔均压环的更换。对相关间隔气室的 SF_6 气体进行回收。由于屋顶搭建会缩短放电距离，因此需要对线路进线套管进行加高，避免安全距离不足产生短路接地。结合户内化改造工程，课题还提出厂家专业化检修需求，

图 1-105　屋顶及门框制作

图 1-106　房屋围墙

开展了隔离开关、接地开关分合闸指针改造及绝缘垫更换，温湿度系统改造，断路器气连取消及加装校表阀等系列工作。

官塘变户外式 GIS 设备由于设计安装较早，长期运行中暴露出若干设备不可靠不稳定的问题，部分设计不满足最新的反措要求。结合此次户内化改造的机会，完成机构箱加热驱潮回路完善、隔离开关接地闸刀分合闸指示器改造、绝缘垫更换、SF_6 气体监视等。以下逐项阐明专项整治的必要性与改造成果。

（1）机构箱加热驱潮回路完善。

原 GIS 机构箱中有加热器，但并无温湿度传感器。机构箱中的加热器通过汇控柜中的温湿度传感器进行控制，因此可能会出现机构箱中进水进潮，但是汇控柜中温湿度正常的情况，则机构箱无法通过加热器排除水汽。

本次改造结合实际需求，在机构箱内配套温湿度传感器，改造完成后可避免加热器无法及时开启，机构箱内水汽过多而导致的接线短路故障。

（2）原官塘变电站 GIS 隔离开关、接地闸刀分合闸指示器由透明半球形视窗构成，在使用过程中发现，该透明视窗会逐渐老化，严重影响可视程度，给运行人员巡视设备状态带来困扰，如图 1-107 所示。改造后的分合闸指示清晰易于观察，且不存在视窗老化影响观察的问题，如图 1-108 所示。

（3）原接地闸刀绝缘垫在运行过程中发生老化，易引起水汽进入设备中，影响 GIS 绝缘效果。在改造过程中，更换掉原有绝缘垫，采用抗老化材料的绝缘密封垫，能够杜绝水汽从法兰处渗透进电气设备。

图 1-107　改造前视窗型分合闸指示　　　　图 1-108　改造后分合闸指示

（4）断路器气连取消，密度继电器一改三，加装 SF_6 密度表三通阀。

原断路器三相气室通过连通器连通，各个气室相互连通并处于同一压力下，以往通过一个 SF_6 密度表显示全部气室的压力。但在实际运行中发现，各气室内 SF_6 压力仍会存在一定差异，单只表无法反映出这种差异性。在本次整改中取消了气室连通结构，为每一相断路器气室都配备独立的 SF_6 密度表。原设备标记未加装三通阀，无法实现不拆卸校验密度继电器要求，结合此次停电进行统一加装。

四、取得成效

1. 运行环境大为改善

通过改造，220kV 设备区已不受外部环境影响，湿度控制在 65％左右，电缆沟干燥，箱体无进水受潮隐患，运行环境大为改善，运行可靠性大为提高。

2. 设备反措与隐患治理全部完成

均压环更换、密度继电器加装三通阀等反措按计划完成，满足最新的专业要求。

3. 项目管理、技能水平大幅提升

国网××供电公司与设备厂家制订了详细的施工方案，同时通过每日日报进行相应的归纳汇总，做到工程进度可控、在控、能控。班组员工对于 GIS 设备安装、维护进行了全方位的学习，在设备吊装、GIS 设备内部构造、电气和机械原理等方面得到了相应的实践与提升。

五、推广价值

经过 97 天的紧张施工，220kV 官塘变电站户内化改造工程于 2020 年 1 月 15 日顺利竣工（改造后见图 1-109 和图 1-110）。2020 年 1 月 16 日，省公司设备部组织兄弟单位专家进行现场验收。各位专家对施工时间、停电方式、治理效果、项目预算、防风防水及后续维护等方面进行了详细的了解，一致认为此方案为彻底解决户外 GIS 设备腐蚀、受潮等问题提供了一种新的、有效的治理途径，值得在全省范围推广使用。

图 1-109　改造后 220kV 设备区外观　　　　图 1-110　改造后 220kV 设备区内部

1-29　变电站无功断路器差异化检修策略与现场实践

一、背景及概述

电压是衡量电能质量的重要指标，电压质量对电力系统的安全经济运行，保障电力用户安全生产都有着重要的影响。电力系统 AVC 通过改变电网中可控无功出力、无功补偿设备投切及变压器分接头调整来满足电网系统中感性设备对无功的需求，提高电压质量，降低电网网损，提升电网整体安全运行水平。

在电网运行中，AVC 系统控制 10～35kV 电容器组投切实现对电压的调节，无功断路器动作频繁，故障发生率居高不下。据统计，笔者所在供电公司所管辖的一座 220kV 变电站电容器组投运 1 年 6 个月，无功断路器动作次数达 2023 次，出现多次设备故障。该公司当前实行以 6 年为周期的设备综合检修策略，针对频繁投切无功断路器，不能实现应修必修的要求，设备健康状况得不到保证。针对此类开关，应采取差异化检修策略，以降低设备故障概率，提升其运行可靠性。

二、目标描述

一是完善无功断路器质量管控要求，严把新设备入网关，从试验项目、灭弧介质、检测项目、竣工验收等方面提出明确的管控要求，从管理方面提出加强设备质量的管控要求。

二是降低设备故障率，基于该类设备运行的特点，优化其运维检修策略，从技术方面提出具体的治理措施和管控方案，实现以故障管控为核心，提高设备运行可靠性。

三、具体做法

（1）优化新设备选型管控要求。设备选型时，从机构本体一体化、灭弧介质类型、开断容性电流级别、特殊试验报告、二次回路设计、设备出厂抽检等方面提出具体管控要求，确保出厂设备质量可靠。

（2）检修周期差异化。通过对运行无功断路器动作次数与故障发生次数的梳理统计与分析，综合考虑不同安装地点的运行工况及检修人员承载力等因素，制定"周期＋"的差异化检修周期。即无功断路器仍按 6 年开展周期检修，但在一个检修周期内断路器累计投切动作次数达 800 次时（合、分动作各 400 次）需及时安排检修，检修后累计动作次数清零并重新开始计数。该供电公司近几年无功断路器动作次数及故障情况如图 1-111 所示。

（3）开展动态检修管理。根据无功断路器缺陷发生率及实际运行情况开展设备状态评估，于每年迎峰度夏前提交评估结果至上级管理部门，经审核后纳入检修计划。通过 AVC 系统定期统计无功断路器动作次数，对累计次数达到开关设计动作次数规定值的 30％、70％或运行时间达 12 年的开关安排大修。

（4）检修项目优化。根据对无功断路器历年缺陷统计和原因分析，故障部位主要集中在机构机械部位。由于动作频繁，开关机械部件变形、老化、磨损、位移等情况较其他开关明显加快，因此无功断路器应采用"C 级扩展检修"策略，即在设备常规 C 检基础上增加重点检修项目，如弹簧储能状态微动开关功能可靠性检查；分、合闸挚子及半轴扣合面磨损量检查；油缓冲器渗漏油、卡涩、胶垫老化等情况检查；电机储能状况、碳刷磨损程度检查等。

对部件老化、变形、松动、磨损严重、试验不合格等不符合技术条件的应进行调试或更换，对机构内机械部件转动部位按要求涂抹润滑脂。编制无功断路器检修标准作业卡如图 1-112 所示，供检修现场使用。

2017-2019 年变电站电容器开关缺陷及处理情况汇总表

序号	时间	变电站	设备命名	缺陷描述及处理情况
1	2018.11.7	敖平变	#1 电容器开关	报控回断线，现场检查分闸线圈烧毁，更换后恢复正常
2	2019.7.31	罗坞变	#1 电容器开关（67 次）	遥控合闸失败，就地合闸失败，未发控回断线信号，机械合闸正常，经检查发现储能回路串入合闸回路接点($3)无法正常切换，更换备用接点($21)后正常。现场发现此节点未串入合闸监视回路，判断储能存在多付接点，串入合闸监视回路接点为另外一付且正常，导致未发控回断线信号
3	2019.9.17	崇文变	#3 电容器开关（103 次）	#3 电容器开关储能到位行程开关碎裂，更换后正常
4	2019.9.24	清漾变	#1 电容器开关（79 次）	#1 电容器开关储能电机不会停止，储能行程开关碎裂，更换后正常
5	2019.9.29	模环变	#1 电容器开关（493 次）	#1 电容器开关报弹簧未储能，装置故障，现场弹簧储能空开跳开；现场检查储能链条盘与储能轴联动盘扣合部位零件断裂，掉入电机与链条连接部位造成电机卡死后烧毁。现场更换电机，后联系厂家更换储能轴联动盘。
6	2019.12.17	赤柯变	#2 电容器开关（1878）	遥控无法合闸，发事故总信号，无控回断线信号；合闸闭锁线圈固定螺丝松动，线圈吸合后顶不到行程开关，合闸回路断线
7	2019.12.17	模环变	#1#3 电容器开关（493）	遥控合不上，现场检查分闸脱扣扣合过少，调整后恢复正常
8	2019.6.11	崇文变	#3 电容器开关	无法分闸，现场检查分闸线圈烧毁，分闸脱扣连接板断裂导致无法分闸，更换后恢复正常

电容器、电抗器2019年动作明细

变电站	序号	电容器、电抗器名称	2019年动作次数	2018年动作次数	2017年动作次数	2016年动作次数	2015年动作次数	2014年动作次数	2013年动作次数	七年总共动作次数
清漾变	1	220kV清漾变#2电抗器	8	17	29	62	131	63	18	328
	2	220kV清漾变#1电容器	86	34	4	6	4	82	141	357
	3	220kV清漾变#2电容器	90	37	8	2	4	73	94	308
	4	220kV清漾变#3电容器	328	90	0	4	13	65	99	599
	5	220kV清漾变#4电容器	347	100	2	4	12	86	55	606
古田变	6	220kV古田变#1电抗器	3	12	9	8	6	5	/	43
	7	220kV古田变#1电容器	2	0	0	6	0	0	0	8
	8	220kV古田变#2电容器	0	0	0	4	8	64	81	157
	9	220kV古田变#3电容器	0	0	0	1	7	56	46	110
	10	220kV古田变#4电容器	0	0	0	3	0	0	0	3
南竹变	11	220kV南竹变#1电抗器	12	47	12	57	20	/	/	148
	12	220kV南竹变#1电容器	34	10	0	40	14	110	135	343
	13	220kV南竹变#2电容器	39	8	1	23	8	196	106	381
	14	220kV南竹变#4电容器	37	8	0	18	10	168	71	312
仙霞变	15	220kV仙霞变#1电抗器	5	18	7	11	3	7	/	51
	16	220kV仙霞变#1电容器	36	10	3	10	1	24	152	236
	17	220kV仙霞变#2电容器	31	28	2	2	1	58	95	217
	18	220kV仙霞变#3电容器	43	22	6	10	5	39	98	223
	19	220kV仙霞变#4电容器	13	0	3	7	3	28	14	67
定阳变	20	220kV定阳变#1电抗器	3	8	7	6	21	55	/	100
	21	220kV定阳变#1电容器	114	94	28	0	9	42	55	342
	22	220kV定阳变#2电容器	112	90	42	0	7	58	80	389
	23	220kV定阳变#3电容器	75	34	8	0	3	30	16	166
	24	220kV定阳变#4电容器	75	32	2	0	4	54	40	207
太真变	25	220kV太真变#2电抗器	7	15	16	18	7	16	/	79
	26	220kV太真变#1电容器	153	6	4	2	4	58	59	286
	27	220kV太真变#2电容器	153	18	6	2	4	48	33	264
	28	220kV太真变#3电容器	53	10	0	0	2	56	22	143
	29	220kV太真变#4电容器	26	2	0	2	2	38	13	83
崇文变	30	220kV崇文变#1电抗器	2	0	0	21	0	/	/	23
	31	220kV崇文变#1电容器	252	349	0	46	42	212	52	953
	32	220kV崇文变#2电容器	71	80	66	37	18	166	21	459
	33	220kV崇文变#3电容器	110	427	265	72	30	40	23	967
	34	220kV崇文变#4电容器	120	84	36	13	23	53	18	347
	35	220kV崇文变#5电容器	/	/	/	/	/	/	/	0
	36	220kV崇文变#7电容器	/	/	/	/	/	/	/	0
衢州变	37	220kV衢州变#1电容器	3	2	0	0	2	14	17	38
	38	220kV衢州变#2电容器	4	0	0	1	4	5	6	20
	39	220kV衢州变#4电容器	3	/	/	/	/	/	/	3
石室变	40	220kV石室变#1电抗器	5	2	4	4	1	13	0	29
	41	220kV石室变#2电抗器	5	2	2	4	1	3	0	17
	42	220kV石室变#1电容器	121	9	0	4	3	84	46	267
	43	220kV石室变#2电容器	140	15	2	6	5	76	31	275
	44	220kV石室变#3电容器	24	0	0	1	2	67	34	128
	45	220kV石室变#4电容器	31	0	0	2	1	49	21	124

图 1-111　无功断路器动作和故障次数统计

10-35kV 无功间隔断路器 C 级+拓展检修标准作业卡

1、 作业信息

设备双重编号		工作时间		作业卡编号	任务单编号（或工作票编号）+设备双重编号+专业代码+001

2、 工序要求

序号	关键工序	标准及要求	风险辨识与预控措施	执行完打√或记录数据
1	开关本体检查	1、绝缘支持件完好，开关外壳无裂纹，无放电痕迹。 2、手车触指完好，无发热发电痕迹，卡圈弹簧良好。	检查机构和断路器前，确认断路器处于分闸状态，并释放分、合闸弹簧能量；插上航空插头前，提醒相关人员，防止电机储能时，伤害工作人员；	
2	行程及触头磨损量检查（必要时进行）	接触行程 12±2.0mm。 触头开距不大于 2.0mm。 检查触头磨损量及油缓冲器行程合格 2.5~5mm。		
3	机构检查	1、分、合闸脱扣器应完好，动作灵活，分、合闸掣子及半轴扣合面磨损量凝标、圆角等情况检查。 2、辅助开关及储能行程开关检查外观无破损，切换正确可靠，导电良好，无发热迹象。 3、缓冲器完好、无漏油，油缓冲器渗漏油、卡涩、胶垫老化等情况检查。 4、机构清洁，传动部位灵活无卡阻，螺母应无松动，轴销无严重磨损，开口销安装可靠。 5、储能电机储能状况、碳刷磨损程度检查。 6、分合指示器及弹簧储能指示器检查指示位置正确，微动断路器、弹簧储能状态微动断路器功能可靠性检查。 7、本体、传动绝杆紧固螺栓、轴销、挡卡等全面检查，确保无松动、变形。		

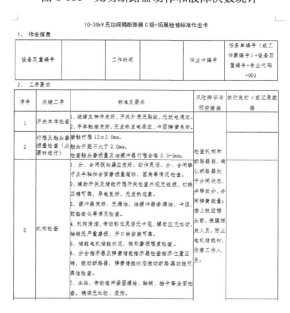

图 1-112　无功断路器关检修标准作业卡

（5）完善化管控措施。一是对不满足现行反措及规程、规范要求的老旧无功断路器加大力度安排改造或更新；二对机械动作次数已达产品设计动作规定值的进行更换；三是运行中存在严重质量缺陷，且通过检修无法恢复正常使用功能的断路器及时停用并安排更换；四是积极采用技术成熟的断路器动作特性在线监测等技术手段，实现断路器运行状况的实时监控。

四、取得成效

该供电公司专业管理部门以文件形式下发《关于进一步加强变电站 10～35kV 无功间隔断路器运维检修管理的通知》，检修单位根据文件要求，于 2020 年上半年完成 28 台无功断路器关差异化检修，有效地降低了设备缺陷率，缺陷发生率同比下降 43%，设备可靠性得到明显提升。

五、推广价值

（1）采用并联电容器组实现电网无功补偿，提高电压合格率是目前变电站最为常用的技术手段，根据装设点负荷性质，电容器组投切次数呈现较大差异。各供电公司应对投运的无功断路器动作次数进行充分统计，深入分析动作次数与设备故障之间的关联性，从而制定科学合理的运维检修策略。

（2）笔者所在供电公司针对无功断路器所制定的差异化检修策略在实际运行中取得较好成效，设备故障发生率大幅下降，可靠性大幅提升，各供电公司可参照执行。

（3）随着电网规模和设备数量的不断提升，设备检修策略必将在周期检修、故障检修、状态检修模式的基础上进行优化和改进，设备差异化检修策略为检修模式的变革提出可供参考的思路。

1-30 GIS 筒体腐蚀隐患专项整治

一、背景及概述

近年来随着 GIS 设备在电网占比不断增加，其运行过程中出现的缺陷及隐患也日益凸显。早期半户内/全户内布置 110kV 变电站采用 GIS 设备设计时，为考虑 GIS 开关室的防火要求，往往在 GIS 筒体穿墙部分设计了阻火包、防火板及防火泥拼接的封堵固定形式，但在运行几年后即发现在封堵材料与 GIS 筒体直接接触的部分，均出现了不同程度的腐蚀情况，严重的已出现贯穿性腐蚀导致漏气。针对上述问题，国网××供电公司秉持"消存量、堵增量"的原则，在完成 GIS 筒体腐蚀隐患集中专项整治的同时，固化设联会模板、典型验收卡修编等各种专业管理流程固化筒体防护要求，杜绝类似腐蚀问题。同时，针对其他类似的批次性问题，采取"多管齐下、多措并举"的手段，完成 GIS 筒体腐蚀隐患的专项整治闭环。

二、具体做法

（1）在发现 GIS 筒体普遍出现腐蚀问题后，及时向省公司专业反馈，同时立即组织设备主人开展专项排查，对防火封堵材料与筒体直接接触的站点进行梳理，共排查出 10 个站、40 个间隔的隐患设备，排查结果如表 1-12 所示。GIS 筒体腐蚀情况如图 1-113 所示。

表 1-12　　　　　　　　　GIS 筒体隐患专项排查结果

序号	变电站	是否存在隐患	隐患间隔数量（个）	存在隐患间隔名称	室外检修平台是否有门直通
1	张村变电站	是	4	龙村 1211、碧村 1213、1 号主变压器 110kV、2 号变压器 110kV	有门
2	侨乡变电站	是	4	青侨 1283、青乡 1284、1 号主变压器 110kV、2 号变压器 110kV	有门
3	石郭变电站	是	4	青石 1297、青郭 1296、1 号主变压器 110kV、2 号变压器 110kV	有门
4	问渔变电站	是	4	河问 1205、河渔 1210、1 号主变压器 110kV、2 号变压器 110kV	有门
5	海潮变电站	是	4	枫树 1214、枫潮 1215、1 号主变压器 110kV、2 号变压器 110kV	有门
6	四都变电站	是	4	丽阁 1057 四都 T 接、丽龙 1212 四都 T 接、1 号主变压器 110kV、2 号变压器 110kV	有门
7	洋浩变电站	是	4	遂浩 1247、昌浩 1248、1 号主变压器 110kV、2 号变压器 110kV	有门
8	桃园变电站	是	4	遂焦 1091 桃园 T 接、遂桃 1246、1 号主变压器 110kV、2 号变压器 110kV	有门
9	屏都变电站	是	4	濛都 1238、濛屏 1239、1 号主变压器 110kV、2 号变压器 110kV	有门
10	牛门变电站	是	4	安龙 1079 牛门 T 接、宏牛 1072、1 号主变压器 110kV、2 号变压器 110kV	有门

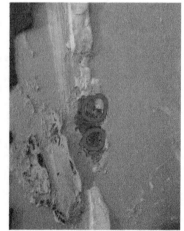

图 1-113　GIS 筒体腐蚀隐患排查

（2）组织调控中心、设计院、设备主人、检修单位及主流 GIS 设备厂家召开隐患专题分析讨论会议，明确筒体腐蚀原因及后续处理措施，并安排有 GIS 筒体隐患的 10 个变电站的轮停检修计划，确保在两个月内完成"消存量"工作。

（3）现场对已出现严重腐蚀的筒体进行整体更换，对其他有轻微腐蚀迹象的筒体进行打磨、喷漆处理；处理后采用非导磁不锈钢板（户外）或环氧树脂板（户内）代替防火板，封板与 GIS 筒体之间用橡胶垫（四氟乙烯）压紧，并用非导磁金属扎带固定；同时取消封堵用防火泥，各连接缝隙涂 RTV 胶进行防水封堵，并在防水胶表面再覆盖一层结构胶加固。整治工艺流程及效果如图 1-114 所示。

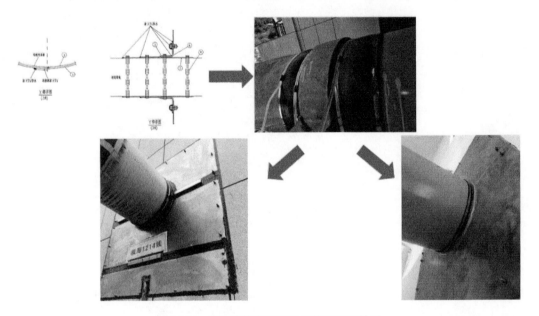

图 1-114　GIS 筒体腐蚀整治工艺流程及效果

（4）及时分析总结经验，组织设备主人及专家对国网××供电公司 GIS 设联会模板及 GIS 设备验收卡进行修编，特别增加"涉及筒体穿墙部分必须采用非腐蚀性材料进行严密包裹并可靠封堵"条款，同时组织设备主人对 GIS 筒体腐蚀隐患整治要求及现场验收进行学习，后续固化措施如图 1-115 所示，做好源头把控，长效固化"堵增量"措施。

三、取得成效

通过 GIS 筒体腐蚀隐患专项整治及后续固化措施，国网××供电公司在运 10 个存在穿墙筒体腐蚀隐患的变电站已全部完成整改，同时后续新扩建 GIS 变电站均采用了可靠的包裹封堵，未再发生筒体腐蚀问题，实现了问题的"零存量、零增量"。

四、评估与改进

本次 GIS 筒体隐患整改专项工作完成于 2019 年，经跟踪监测，目前包裹封堵情况良好，原腐蚀部分未有劣化迹象，且新站也无腐蚀情况。目前针对封堵及包裹材料的选择，在长期的封堵及防水防潮效果的持续性方面，仍然需要一定的时间来检验其老化程度和影响，并以此作为后续改进的方向。

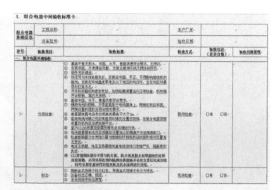

图 1-115　GIS 筒体腐蚀整治后续固化措施

五、推广价值

（1）目前针对 GIS 筒体腐蚀隐患已形成成熟可靠的整改方案，适用于所有 GIS 穿墙部分的包裹封堵，在最新的变电站典型设计中，仍然会出现有部分 GIS 筒体存在穿墙部位的设计，因此，本方案在后续各种变电站新扩建工程中均可适用，可在全省范围内实施应用。

（2）针对省内其他新发现的批量 GIS 筒体腐蚀缺陷隐患，及时形成"消存量、堵增量"的专项整治工作方案，将各类隐患问题消灭在萌芽阶段。

第二篇 ◆◆

变电运维典型经验

2-1 多功能操作票夹装置的研制与应用

一、背景及概述

为顺应电网规模快速增长和客户用电质量需求提升的趋势，公司对电网停电检修工作提出"五个零时差"管控。变电运维专业作为基层生产一线，倒闸操作是最常见的工作任务，操作的顺利进行直接影响"操作时间零时差"，并间接影响线路的"停电时间零时差"和"送电时间"。因此，保证倒闸操作按时完成的意义重大：一方面，能够减少公司因为"五个零时差"执行不到位造成的经济效益损失，提升国家电网公司的服务水平；另一方面，避免重复过长时间操作人员疲劳、精神不集中等造成误操作。

天气一直是影响户外倒闸操作的重要因素之一，天气的好坏直接影响，倒闸操作的流畅程度和操作时间。大型检修工作、消缺工作结束后经常出现夜间操作或者夜间配合操作，此时变电站户外照明往往不能提供足够的光照，导致无法看清操作票内容，增加了操作难度，增长了操作时间；如再遇操作时降雨，穿着雨衣携带五防钥匙及操作票，操作票查看且易沾水，造成操作票打湿，从而无法勾票，大大影响倒闸操作的效率。

针对现场调查发现，夜间操作时不利因素较多，如夜间光照差导致看不清操作票内容；降雨时操作票被打湿导致勾票困难等，影响操作进度，导致操作时间过长，降低操作效率。这些问题导致夜间操作时"唱票复诵操作并勾票"的时间过长，为59.8min。经过测试、试验、调查、分析，若能研制出一种装置消除夜间操作时的不利因素，如光线太差、防水不良等，可将夜间倒闸操作的平均时间缩短至51.4min。

二、具体做法

（1）为解决夜晚操作照明光线差的问题，采用轻量化的便携LED线灯，携带方便且可与其他设备组合。根据市面上现有的灯泡、灯带等照明设备进行选择，选择小型、节能、轻量的LED照明设备；根据灯带选择安装部位，在板夹相应位置设计安装槽，如图2-1所示。

图 2-1　票夹正反面结构图

（2）为解决防雨问题，使用封闭板架携带操作票，根据市面上现有的票夹进行参数分析，得到尺寸数据；根据纸张厚度和后续功能安装设计 3D 图纸；选定透明度好且强度高的材料进行加工制作。并且设计手动勾票装置，实现快速、封闭式勾票。

（3）为解决操作票误打钩的情况，在打钩装置上加装操作指示灯。已执行的操作，在按下打钩装置按钮（见图 2-2）后，该步骤打钩装置显示为绿色，未执行的操作，对应步骤的打钩按钮显示为红色，从而有效避免误操作。

图 2-2　按钮结构图

三、取得成效

（1）解决了夜间操作时操作票查看困难的窘境，缩短了夜间操作时间，提升了人员效率。

（2）解决了雨天操作时操作票的防水问题，创新性地设计了外部按压盖章的按钮式印章，从而保证了操作票夹的封闭性和防水性。

（3）2020 年度因操作票打湿造成的不合格率从 3.22% 降至 1%。

四、推广价值

（1）多功能操作票夹大大降低了夜间因为光线差错看漏看操作内容而引发的误操作风险，保证了电网安全可靠运行。

（2）多功能操作票夹本身全封闭，勾票则从外部按压按钮带动印章勾票，具备防水功能，且印章位置固定，大小合理，减少了倒闸操作中勾票出格的不规范行为，提升了运维效率。

（3）多功能操作票夹使用简单，重量轻便，续航时间长，防水效果好，推广价值高。

（4）已将多功能操作票夹装置的方法、图纸进行整理归类，为后续产品推广做好准备。

（5）按要求编制多功能操作票夹装置操作使用手册，作为本装置使用参考手册。

2-2　一体式多功能闸刀操作杆的研发与应用

一、背景及概述

变电站常见的闸刀手动操作杆中，存在着闸刀机构自带操作杆、手摇操作杆、套筒式操作杆、圆孔插入式闸刀操作杆以及卡槽式操作杆等五种类型（见图 2-3）。由于不同的厂家、设备所需要的闸刀操作杆规格、尺寸以及操作方式都有着很大的区别，这就使得变电站运维人员往往需要较多的闸刀操作杆管理，增加了变电站的管理工作；而在实际的操作过程中，常常出现闸刀操作杆漏拿、错拿等问题，从而影响倒闸操作的操作效率。

国网××供电公司变电运维专业从工作角度，设计制作了一体式多功能闸刀操作杆，从

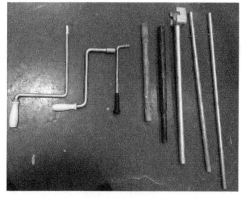

图 2-3　变电站闸刀操作工具种类

技术角度有效实现一物多用，在对不同规格的闸刀操作时，只需要使用一体式多功能闸刀操作杆的不同部件，就能完成操作，提高了操作效率，缩短了闸刀操作时间。该工具携带方便、操作简单、实用性强。通过反复实践与对比，充分验证了本典型经验具有极大的优越性及推广价值。

二、具体做法

一是变电站调研。统计××地区各变电站闸刀操作杆的型号和尺寸。主要有手摇操作杆、套筒式操作杆、圆孔插入式闸刀操作杆以及卡槽式操作杆（分为宽尺寸和窄尺寸）等五种类型。

二是根据统计尺寸。设计一体式多功能闸刀操作杆图纸，如图 2-4 所示，并利用技改大修的废旧金属，联系实物制造厂家加工制造。

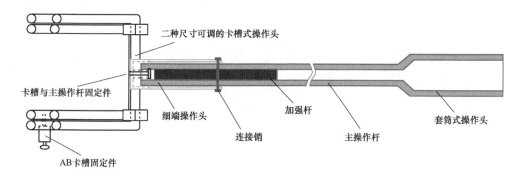

图 2-4　一体式多功能闸刀操作杆原理图

三是制作一体式多功能闸刀操作杆专用工具。具有一组卡槽构件、一组实心操作杆构件和一组套筒构件。通过自由组合变换，实现对不同类型闸刀操作机构的操作，减少了操作工具种类，使携带更加方便。工具的实用性提高，在对不同规格的闸刀操作时，只需更换操作杆构件，提高了操作效率，缩短了闸刀操作时间，实物如图 2-5 所示。

图 2-5　一体式多功能闸刀操作杆实物图

四是编制"一体式多功能闸刀操作杆说明书、使用规定"，并书面存档。在工区范围内进行推广应用培训。

三、取得成效

一是减少闸刀操作杆漏拿、错拿等问题的出现，提高变电站的倒闸操作效率，缩短了闸刀操作时间，降低误入带电间隔的风险。对××变电站××线路由运行改为开关及线路检修调度令操作，分别使用当前变电站闸刀操作杆和一体式多功能闸刀操作杆操作时间进行统计，结果如表 2-1 所示。

表 2-1　　　当前变电站闸刀操作杆和一体式多功能闸刀操作杆操作时间对比

序号	正令	操作工具	操作时间
1	××变电站××线由运行改为开关及线路检修	变电站当前操作杆	30min
2	××变电站××线由运行改为开关及线路检修	一体式闸刀操作杆	20min

二是一体式多功能闸刀操作杆减少了操作工具种类，使携带更加方便，工具的实用性提高。在对不同规格的闸刀操作时，只需更换操作杆构件，提高了操作效率，操作效果如图 2-6 所示。

(a) 操作外套筒式闸刀　　　　　(b) 操作粗卡槽式闸刀　　　　　(c) 操作细卡槽式闸刀

图 2-6　一体式多功能闸刀操作杆操作效果（一）

(d) 操作插孔式闸刀　　　　　　(e) 操作内套筒式闸刀

图 2-6　一体式多功能闸刀操作杆操作效果（二）

三是减少操作工具种类，方便变电站操作工器具定置管理。

四、推广价值

一体式闸刀操作杆已在浙江电网供电企业变电站实现全面推广使用。

一是该操作杆"一杆多能"。基本覆盖了目前运行的 35～220kV 电压等级隔离开关手动分合闸操作所需，极大提高工作效率，大大简化变电站专用工具管理，实用性强。

二是该操作杆目前尚未实现摇动分合闸操作功能，后续将进一步完善改进。可将实心操作杆用可折叠式摇柄代替，既起到加强杆作用，又可操作手摇式闸刀操作功能。

2-3　垂直导线的便携式接地线的研制

一、背景及概述

为了防止感应电伤害，需在检修现场挂设工作接地线。大部分线路闸刀线路侧导线以及主变压器 220kV 套管引出线为垂直导线。针对垂直导线装拆接地线工作量大、工作难度高，升高车等辅助设施的运营成本大、存在安全风险，并且接地线挂设后操作杆水平悬于空中存在重大安全隐患。针对这些问题研制了一副用于垂直导线的便携式接地线，提高了垂直导线装拆接地线的工作效率、降低了工作难度、减少升高车运营成本和操作的安全风险，更为重要的是消除了接地线操作杆悬于空中的重大安全隐患，提高安全可靠性。

二、具体做法

一是全面分析、综合评估，确定设计方案，研制一套便携式接地线接头，设计样图如图 2-7 所示。实现挂设接地线导体端简便灵活。

二是确定便携式接地线的材料结构、接头和绝缘杆连接方式以及接头垂直部位传动方式。便携式接地线设计草图如图 2-8 所示，接头形状为铝质圆弧结构；接头垂直传动处 5 为间隙配合螺纹结构；接头和绝缘杆的连接处 10 为卡接式，方便绝缘杆拆装。

 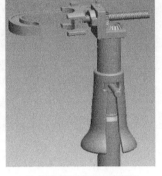

(a) 便携式接地线接头侧视图　　　　(b) 便携式接地线接头正视图

图 2-7　便携式接地线接头设计样图

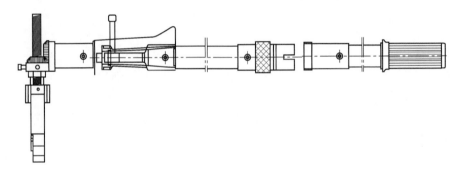

图 2-8　便携式接地线设计草图

三、取得成效

1. 效益提升

对采用传统升高车装设垂直导线的接地线和采用新型便携式接地线装设时间进行对比，如图 2-9 所示。传统使用升高车装设接地线平均耗时 39.75min，我们预期采用新型

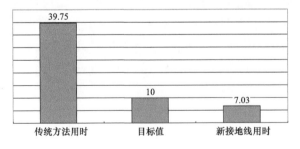

图 2-9　传统升高车装设和便携式接地线装设时间对比

便携式接地线可以将装设接地线时间缩短到 10min，实际装设新型便携式接地线平均耗时 7.03min。这大大降低工作强度，提高工作效率，效率提高了 82%。以一个间隔设备为例，可以节约人工成本 72 元、车辆成本 233 元，共计节约费用为 305 元。

2. 实用效果

图 2-10 为采用传统升高车装设垂直导线接地线和装设便携式接地线实用效果对比图。

图 2-10　传统升高车装设垂直导线接地线和装设便携式接地线实用效果对比图

新研制的便携式接地线直接在地面就可以装设和拆除，无需使用升高车，减少了升高车作业的安全风险；且装设完毕后接地线绝缘操作杆可以取下，不会因接地线掉落造成人员受伤和设备损坏，消除重大安全隐患。

四、推广价值

新研制的便携式接地线具有以下优点：

（1）可以直接在地面上装设和拆除，不需要借助升高车，并且操作简单、灵活，提高工作效率，降低工作强度，减少了使用升高车作业的安全风险和检修成本。

（2）接地线绝缘操作杆可以取下，不会因接地线掉落造成人员受伤和设备损坏，消除重大安全隐患。

（3）提高了工作效率，减少了设备的停役检修时间，提高电网的供电可靠性、稳定性和安全性。

国网××供电公司已研发成熟的产品，并于 2014 年 7 月 1 日经有资质的第三方权威机构检测，为成熟合格的产品。并获得国家实用新型专利。

据统计，国网××供电公司一年在检修过程中，需要装设这样的接地线至少 3500 组，因此，这一发明仅在国网××供电公司推广一年就可以节约 100 万元以上的费用。

2-4　避雷器泄漏电流在线路防误闭锁上的应用

一、背景及概述

防误装置的设置可以有效地降低运维人员误操作事故的发生，从而降低恶性误操作事故带来的设备损坏、人身伤害等安全风险。系统中曾发生多起由于变电站防误装置设置不齐全，防误闭锁功能未完善而发生的恶性误操作事故，为企业带来巨大的损失。因此不断完善变电站防误装置是极其有必要的。

省公司《变电运维管理规范》中要求"加强对防误闭锁装置的管理，不断提高防误闭锁装置的安装率"。国家电网公司《无人值守变电站及监控中心技术导则》中要求"无人值班变电站应尽可能具备完善的全站电气闭锁。"因此不断完善变电站防误装置是有关文件规定要求。据统计，国网××供电公司变电运维室所辖变电站中，"110kV进出线操作线路接地操作无强制验电闭锁"的变电站占比较高，因此导致变电站防误装置完善率低。

本项目设计了利用避雷器泄漏电流判别线路是否带电从而进行电气闭锁的高压带电显示装置，该装置可以采用不停电安装方式，并可接入微机防误装置以及电磁锁闭锁回路，实现了线路接地操作的强制闭锁。

二、具体做法

1. 总体思路

由于线路带电运行与否与避雷器泄漏电流仪读数大小有密切联系，避雷器泄漏电流式高压带电显示装置通过在三相避雷器引下线安装穿心传感器，利用电磁感应原理采集避雷器泄漏电流，避雷器泄漏电流经放大和滤波后传送给带电显示装置，当避雷器泄漏电流信号高于某个安全阈值时，控制闭锁驱动电路输出常开节点，指示高压线路处于带电状态，将输出节点接入不同防误系统实现线路带电闭锁。避雷器泄漏电流式高压带电显示装置安装示意图如图2-11所示，电路框图如图2-12所示。

2. 安装维护及特点

(1) 完善防误闭锁。提出了利用避雷器泄漏电流判断线路是否带电的方法，实现高压输电线路验电接地的强制性防误闭锁。

(2) 安装维护方便。相比于线路电压互感器或是感应式高压带电显示装置的停电安装模式，本装置只需旁路避雷器接地引下线，不需要将一次设备停电。

(3) 信号采集可靠。信号源从传感器中间穿过，能够不受相邻相或者相邻线路的电场的影响，通过算法将信号进行滤波和放大。可靠、准确地指示所测线路或设备的带电状态，杜绝了误动和拒动。穿心传感器成品图如图2-13所示。

(4) 装置运行安全。在传感器输出端并一TVS管，当有雷击过电压（过电流）时，将电位钳制在一定的电压值，防止损坏采集单元，有效提高了恶劣环境下的抗干扰能力。

利用该装置替代常规高压带电显示装置，则可避免该类装置维护时设备的停复役操作风险，降低了变电站值班员倒闸操作的误操作风险，保证了供电可靠性，对电网安全稳定运行具有积极意义。避雷器泄漏电流式高压带电显示装置成品如图2-14所示。

该装置委托中国电力科学研究院电力工业电气设备质量检验测试中心对装置进行测试，从基本功能、环境因素等各个方面进行检测，检测结果满足需求。

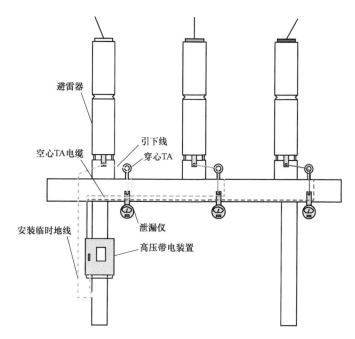

图 2-11　避雷器泄漏电流式高压带电显示装置安装示意图

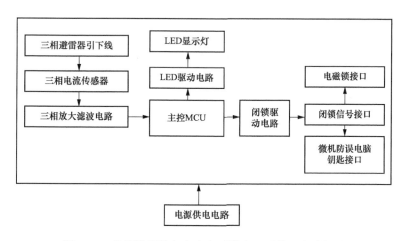

图 2-12　避雷器泄漏电流式高压带电显示装置电路框图

三、取得成效

安装本成果，可有效解决 110kV 进出线操作线路地刀无强制验电闭锁问题，通过日常运维、操作等工作情况，该装置能够达到目标需求。根据避雷器泄漏电流穿心电流互感器三相外观有无松动、锈蚀；高压带电显示装置柜体安装是否牢固，内部防雨情况是否良好，有无锈蚀，是否影响一次设备的正常运行；带电显示装置防误闭锁点接入微机防误系统后闭锁逻辑是否正确等方面进行检查汇总后形成了试运行报告。

图 2-13　穿心传感器成品图

图 2-14　避雷器泄漏电流式高压
带电显示装置成品图

国网××供电公司公司邀请省公司以及其他兄弟单位运维部专家组一行对该装置进行专业鉴定，专家组通过材料评审以及现场抽检，一致认为该装置采用不停电安装方式替代常规感应式高压带电显示装置，具有可观的经济效益和社会效益。专家鉴定验收证书如图 2-15所示。

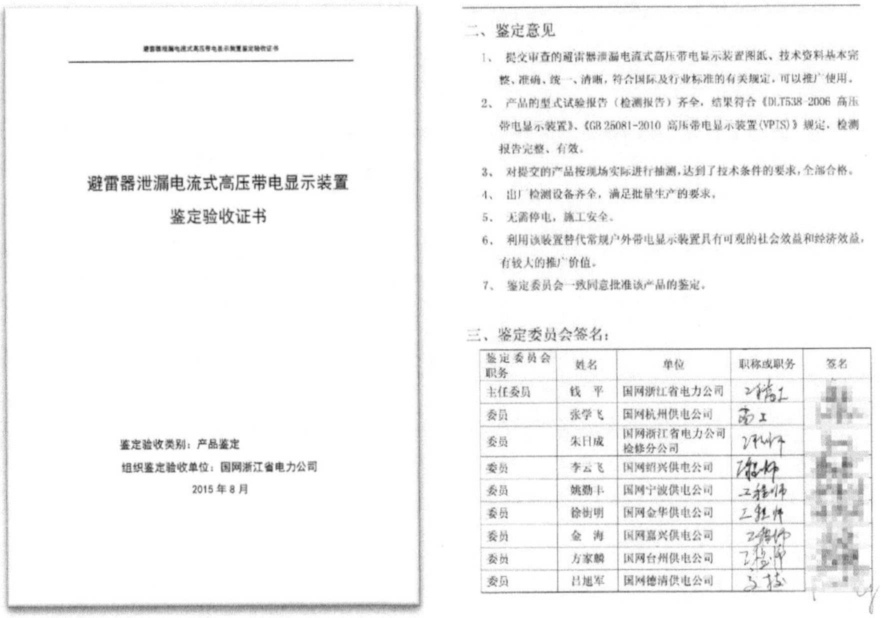

图 2-15　专家鉴定意见

该避雷器泄漏电流式高压带电显示装置是对变电站防误装置的改进，为完善变电站防误装置提供了技术保障，大大降低了变电站运维人员倒闸操作的误操作风险，保证了供电可靠性，对企业经济效益、社会效益起到了良好的效果。同时避免了该装置维护时设备的停复役操作风险，对电网安全稳定运行也有积极意义。

四、推广价值

国网××供电公司变电运维室所辖变电站中，已安装该装置的 34 座变电站防误装置安装率达到 100％。

该成果经国网湖北省电力有限公司、国网青海省电力公司、国网浙江省电力有限公司的多家地市单位试运行，应用情况良好。

经浙江省科技信息研究院查新，具备两项创新点：提出了避雷器引下线旁路接地安装传感器的方法，实现不停电安装传感器；研发了紧急解锁功能，实现了高压输电线路验电接地强制性防误闭锁。

成果经国网浙江省电力有限公司专家组现场验收，具备在电力系统同类变电站内推广使用条件。

根据变电运维室的运行经验进行初步评估，避雷器泄漏电流式高压带电显示装置至少具有以下两个方面的显著价值：

1. 经济效益分析

目前市面上的常规高压带电显示装置基于非接触式电场矢量测量原理设计，在安装的过程中因为安全距离的原因需进行停电作业。一条 110kV 线路的"停役-施工-复役"整个工作流程至少需要 5h，以城街 1535 线为例，平均有功为 10000kW，通过计算若采用该避雷器泄漏电流式高压带电显示装置，可多供电量＝5×10000＝50000kWh。一般情况下以电价 0.5 元/kWh 统计，合计 50000×0.5＝2.5 万元。即每次完成该装置的安装维护，可节约成本 2.5 万元。

2. 社会效益分析

该避雷器泄漏电流式高压带电显示装置是对变电站防误装置的改进，为实现变电站防误装置安装率 100％提供了技术保障，大大降低了变电站值班员倒闸操作的误操作风险，保证了供电可靠性，对企业经济效益、社会效益起到了良好的效果。同时，避免了该装置维护时设备的停复役操作风险，对电网安全稳定运行也有积极意义。经过在各个变电站试运行及推广应用情况，该装置运行情况安全稳定可靠。

2-5 螺旋式接地线导体端限位器的研制及应用

一、背景及概述

在电气设备上工作，如何保证可靠接地是保证停电作业人员安全的关键，用来接地的接地线夹也就至为关键。

针对传统螺旋式接地线导体夹易打滑而造成接地线挂设困难的问题，设计出一款新型螺旋式接地线导体夹限位器，能够使螺旋式接地线挂设得更加牢固，不会因晃动或挂设不标准造成移动甚至脱落，从而使设备更加可靠接地，有效地防止了接地线脱落造成的人身伤害事故；同时，解决了在挂设接地线时，螺旋式接地线导体夹与导线（特别是母排类设备）之间发生打滑的现象，减轻劳动强度，节省大量的操作时间，有效提高运维人员进行倒闸操作的工作效率。

二、具体做法

1. 原因分析

通过现状调查，发现变电站在使用螺旋式接地线将设备改检修时普遍时间较长。图 2-16 所示为变电站传统螺旋式接地线及挂设效果示意图，可知，由于螺旋式接地线导体夹要旋紧在被接地导体上，在旋紧过程中由于导体夹与导线间无法受力，导致导体夹不断滑脱，运维人员往往要尝试多次，才可以将接地线成功挂设，由此而引起的接地线装设时间过长。

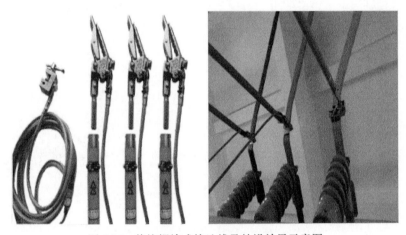

图 2-16　传统螺旋式接地线及挂设效果示意图

由此可引发如下问题：

（1）降低工作效率。从实际统计来看，螺旋式接地线挂设时线夹与导线特别是母排类导体极易打滑，不好着力，许多操作中，设备改检修耗费的时间最长，其中很关键的就是因为接地线挂设不够顺利，从而延长了停电时间，对用户、企业都造成了损失。

（2）因接地线与导体端不能可靠地接触，当发生短路时，因接触电阻过大会导致短路电流不能全部从接地线通过，给设备检修人员的人身安全带来极大的威胁。

（3）接地线挂设好后，因晃动或挂设不标准造成移动甚至脱落，在电力系统中已发生多起因接地线脱落造成的人身伤害事故，因此存在很大的安全隐患。

综上所述，有必要解决变电站接地线挂设打滑及挂设位置不标准问题。

2. 限位器设计

根据变电站挂设接地线实际现场情况，本项目对目前变电站内普遍使用的螺旋式接地线进行研究和改造。技术难点为：实现限位器的自动翻转与锁定，接地线拆除时能顺利脱扣，同时要有足够的机械强度，满足安全工器具各项指标的相关要求。限位器开口角度需合适，使被接地导体卡入后，在接地线夹旋紧时，能紧紧卡住被接地导体，在拆卸接地线时，不能阻碍接地线夹松脱。

所设计的导体端线夹限位器部件的实物如图 2-17 所示。螺旋式接地线导体夹限位器由厚度 3mm 的不锈钢板材料制作而成，呈现为大写字母"L"形态，限位器的长边有 4 个孔洞，用螺栓穿过孔洞将其固定于接地线导体夹的下咬舌上，根据所挂设母线的宽度，可自由调节限位器的固定位置，以适应更多应用场合。

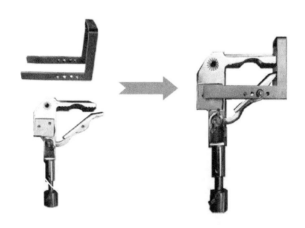

图 2-17　螺旋式接地线导体端线夹限位器实物图

图 2-18 中所示为本新型螺旋式接地线导体夹限位器的逐个工作状态及整个系统的工作过程示意图。将本新型螺旋式接地线导体夹限位器加装到螺旋式接地线导体夹上，通过螺栓紧固，挂设接地线之前，将本新型螺旋式接地线导体夹限位器 L 型长边以大约垂直于需接地导体方向设置，限位器使用时由操作人将母排咬入上、下咬舌之间，此时母排对限位器 L 形长边产生作用力，推动限位器逆时针旋转。同时使右端 L 形短边上升，防止母排滑出，当母排完全被推至上咬舌左端，此时，由于上旋螺钮向上作用，使上、下咬舌开始夹紧母排，限位器逆时针转动动力由母排向左推动变为母排相对向下推动，进而使右端 L 形短边依旧逐渐上升，防止母排滑出。同时使右端 L 形短边 90°垂直于母排，作为挡板自动扣合住母排。

三、取得成效

国网××供电公司将螺旋式接地线导体夹限位器在变电站试用两个月并进行统计分析。如图 2-19 所示项目前后操作螺旋式接地线用时对比示意图，相较传统螺旋式接地线，加装该螺旋式接地线导体夹限位器后有效提高了人员工作效率，缩短了螺旋式接地线的挂设时间。

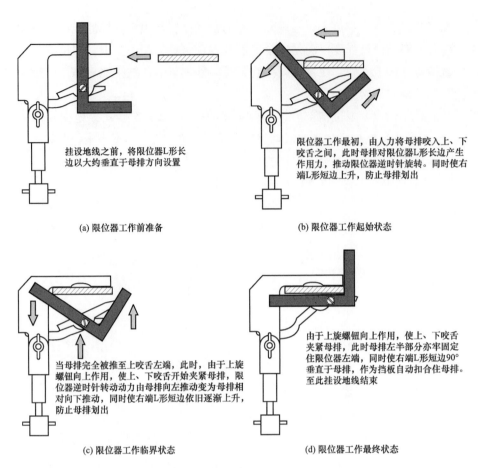

<table>
<tr><td>

挂设地线之前，将限位器L形长边以大约垂直于母排方向设置</td>
<td>限位器工作最初，由人力将母排咬入上、下咬舌之间，此时母排对限位器L形长边产生作用力，推动限位器逆时针旋转。同时使右端L形短边上升，防止母排划出</td></tr>
</table>

(a) 限位器工作前准备　　　　　　　　　(b) 限位器工作起始状态

当母排完全被推至上咬舌左端，此时，由于上旋螺钮向上作用，使上、下咬舌开始夹紧母排，限位器逆时针转动动力由母排向左推动变为母排相对向下推动，同时使右端L形短边依旧逐渐上升，防止母排划出

由于上旋螺钮向上作用，使上、下咬舌夹紧母排，此时母排左半部分亦牢固定住限位器左端，同时使右端L形短边90°垂直于母排，作为挡板自动扣合住母排。至此挂设地线结束

(c) 限位器工作临界状态　　　　　　　　　(d) 限位器工作最终状态

图 2-18　螺旋式接地线导体夹限位器各个工作状态示意图

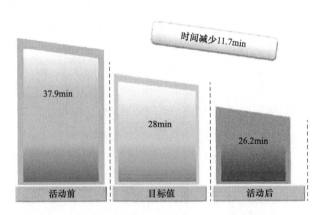

图 2-19　加装螺旋式接地线导体夹限位器前后耗时对比

　　从经济效益分析，国网××供电公司共有 10kV 线路 406 条，平均负荷 4780kW。根据统计，全年共有 631 次线路改检修，每条线路操作工作节省时间 11.7min，具有显著的经济效益。

从安全效益分析，加装该螺旋式接地线导体夹限位器的接地线使设备更加可靠接地，线夹与被接地导体间充分接触，接地线挂设得更加牢固，不会因晃动或挂设不标准造成移动甚至脱落，有效防止接地线脱落造成的人身伤害事故。

由以上分析可知，本项目所设计的螺旋式接地线导体夹限位器简单实用，具有显著的经济效益和积极的安全效益，圆满地完成了设计目标。

四、推广价值

导体端线夹双边 L 形限位器应用于螺旋式接地线挂设操作中，能够使电气设备更加可靠接地，接地线导体夹与被接地导体能够充分接触，接地线挂设更加牢固，不会因晃动或挂设不规范造成移动甚至脱落，有效地预防了接地线脱落所造成的人身伤害事故发生的可能性。运维人员在进行设备检修时，能够减轻劳动强度，同时节省大量的操作时间，有效提高运维人员倒闸操作的工作效率。

本文的设计方案经电力工器具检测中心检测合格，符合接地线各项标准规范，经国网××供电公司安监部、运维部批准已统一在全公司推广，并已申请国家发明专利 4 项，发表论文 1 篇，撰写技术规范 3 本。建议在国家电网有限公司系统内进行应用推广。

2-6 推进式可调节验电小车的研制

一、背景及概述

由于 KYN 型中置式开关柜具有结构紧凑、造型美观、封闭性好、安全性高等优点，在变电站中有广泛的应用。KYN 型中置式开关柜需要借助验电手车开启隔离挡板进行验电。传统验电手车是在原有手车开关底盘车的基础上改进而成，有的是加上了开有三个手孔的有机绝缘挡板，有的加上了绝缘套管，有的干脆就是原来的底盘车。它们共同的特点是沿用了底盘车开启开关柜触头活门的功能，底盘车采用丝杠操作，验电手车上无验电器，采用验电笔进行验电，较不方便。

从现场实际使用情况来看，此类验电手车的操作，尤其是箱式变中存在以下问题：

（1）验电手车重量大，值班员徒手搬运有难度，一般需用手车平台进行搬运。

（2）手车平台至少需要两套，每套包括一台用于接住从开关柜中摇出来的断路器和一台承载相应规格的验电手车，才能满足验电操作。

（3）一个变电站内，10kV 开关柜包括主变压器 10kV 侧开关柜和 10kV 线路开关柜两种尺寸，相应验电手车规格就有两种，多间隔同时操作时，需要的手车数量成倍增加。

（4）采用丝杠操作，操作缓慢、耗时，整套操作的标准时间一般为 20min 左右。

（5）操作要求高，操作不到位或越位会造成手车卡滞。

（6）箱式变电站空间狭小，多套手车平台势必占用更大的空间，剩余的操作空间相对变小，操作更加不便且容易造成磕碰等安全隐患。

为解决这些问题，研制了一种推进式可调节验电手车，减少不必要的体积及重量，可用推动代替丝杠操作，推进弯板的高度及它们之间的宽度可调节，减轻了验车小车的操作难度，尤其减少了值班员的工作量。

二、具体做法

根据现有验电手车工作原理，提出改进方案并绘制图纸。主要方案是通过镂空处理将手车质量从 23.1kg 缩减到 10kg；通过推进弯板连杆采用可调节连杆，设置调节挡位，加快调节速度；通过借用接地操作绝缘杆推进，推动替代丝杠。

1. 测量尺寸

尺寸测量包括推进弯板尺寸、轮子和卡片尺寸、10kV 线路开关柜小车长度以及主变压器 10kV 侧开关柜小车长度测量，如图 2-20 所示。

图 2-20　尺寸测量

2. 图纸绘制

图纸绘制如图 2-21 所示。

3. 制作成品

推进式可调节验电小车主要由底盘、轮轴、推进弯板、推进连杆接头及多个调节螺栓组成，实物如图 2-22 所示。

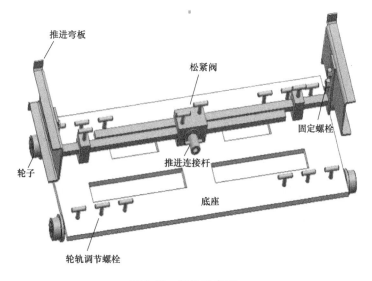

推进弯板

松紧阀

固定螺栓

轮子

推进连接杆

底座

轮轨调节螺栓

图 2-21　结构示意图

4. 成品介绍

底盘采用镂空设计，最大程度缩减手车重量；底座四周安装滑轮使手车自由进出；两侧推进弯板负责打开活门，露出静触头进行验电；中间的推进连接杆起固定绝缘操作杆的作用，用推动方式代替丝杠操作。松紧阀用于调解手车大小，使其实现对不同尺寸开关柜验电，如图 2-23 所示。

图 2-22　推进式可调节验电小车实物图

图 2-23　底盘设计成品图

验电操作时运维人员根据开关柜的尺寸（1000/800mm）调节验电手车松节阀的挡位使手车长度处于适合尺寸；运维人员将手车放至开关柜内，绝缘操作杆固定在手车中间，通过推进手车的方式使验电手车两侧推进弯板打开活门，露出静触头验电，实际操作图如图 2-24 所示。

三、取得成效

（1）新型验电手车重量仅为 8.9kg，相比较原先的验电手车重量明显下降。

图 2-24　验电操作

（2）相较原先验电手车，操作时间显著下降。使用推进式验电小车对同样的间隔进行验电操作时间统计如表 2-2 所示。

由前后操作的平均时间可知，新型手车与传统型手车相比时间上大幅度下降，时间上下降了 74.31%。

（3）推进式可调节验电手车的应用可使一座变电站至少减少一台大的转运平台及一台小的转运平台，为变电站提供更大的操作空间。

综上可以看出，推进式可调节验电手车具有以下优点：

（1）体积小、质量轻，单独一名运行人员即可搬动。精简尺寸后，采用镂空处理，最大限度地减少了手车重量。

（2）推动代替丝杠，操作简单，用时短。

（3）操作简单、适用性强。采用可调节装置，并设置固定的挡位刻度，在保证操作速度的同时，实现了一台手车对不同开关柜进行验电的构想。

（4）安全可靠。采用接地操作绝缘杆作为小车推进装置，不仅满足安全距离，并且绝缘，保证了安全性。此外，接地操作绝缘杆可以就地取材，拆卸方便。

表 2-2　　　　　　　　　　　　　　验 电 操 作 时 间 统 计

地点	间隔	第一次操作 （min）	第二次操作 （min）	第三次操作 （min）	第四次操作 （min）	平均操作时间 （min）
干江变电站	备用 469	1.4	1.5	1.2	1.3	1.35
	备用 467	1.2	1.2	1.1	1.3	1.2
七丘变电站	曾家 492	1.3	1.4	1.6	1.3	1.4
机电变电站	世进 741	1.5	1.3	1.4	1.5	1.43
五门变电站	备用 445	1.6	1.4	1.2	1.2	1.35
总平均时间						1.35

四、推广价值

可以在省内各应用 KYN 型中置式开关柜的变电站、开关站使用，减少了手车转运平台数量，尤其对于场地狭小的预装式变电站，极大地节省值班人员的操作空间，质量轻，体积小，减轻了值班员的工作量，提高了工作效率。

2-7 变电站事故排油系统运检精益化管理

一、背景及概述

变电站事故排油系统包含水封井、检查井、事故油池及连接管路。当变压器（油抗）事故排油时，油先进入水封井进行灭火降温后，再排入事故油池。在池内进行油水分离，分离出的水排入雨水下水道，油贮存在事故油池内进行回收利用。变电站事故排油系统如图 2-25 所示。

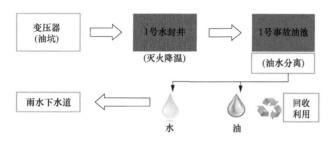

图 2-25 变电站事故排油系统

当前，变电站事故排油系统运检管理存在漏洞，为改变现状，国网××供电公司多措并举，强化变电站事故排油系统运检精益化管理，全面提高变电站事故排油系统运检管理水平。

二、专业管理的目标描述

以变电精益化管理理念为引领，填补变电站事故排油系统的管理空白，提升变电站事故排油系统运检精益化管理水平。

三、具体做法

一是从规章制度上提升变电站事故排油系统运维管理水平。制订并下发《国网××供电公司变电站事故排油系统管理实施细则（试行）》，其主要内容如图 2-26 所示。通过制度明确各部门职责分工，规范验收管理要求，明确运行维护和检修管理重点。对所属单位事故排油系统管理工作进行监督、检查和评价，评价结果纳入绩效考核。

二是从业务技能上提升变电站事故排油系统运维管理水平。加强对变电运维人员的事故排油系统培训工作，并联合消防中队开展联合演习，提升专业技能水平，落实专业化运检管理措施。

三是从设备本质安全上提升变电站事故排油系统运维管理水平。开展变电站事故排油系统隐患专项排查工作，上报事故排油系统隐患整治项目，落实专项资金，开展变电站事故排油系统隐患专项整治活动。

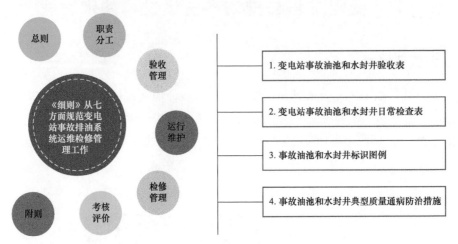

图 2-26　《变电站事故排油系统管理实施细则（试行）》主要内容

四、取得成效

通过制订下发制度，开展专项培训，推行变电站事故排油系统隐患专项排查治理及专业化运检工作，运维人员根据细则条款把好验收关，避免新改扩建工程中新增事故排油系统隐患。根据细则附件开展隐患排查，逐站消除现存隐患，切实提高消防管理水平，提升设备本质安全。

截至 2020 年 9 月，共计发现水封井隐患 18 处，检查井隐患 6 处，事故油池隐患 2 处，连接管路隐患 8 处，已全部完成整治，整治率 100％。此外，还完成 20 座变电站精益化专业运维工作。

以 220kV 横岭变电站为例，排查发现事故排油系统存在以下隐患：

（1）水封井深度不足，不满足设计规范；

（2）水封井有渗漏情况，无法有效水封；

（3）井内水封深度不够，起不到应有水封作用；

（4）水封井内没有安装三通管及木塞。

整改前、中、后对比如图 2-27 所示。

五、评估与改进

后续将成果汇报省公司，在省公司的指导下修订完善细则，征集省内各单位意见与建议，最终形成符合整个浙江电力的《变电站事故排油系统管理实施细则（试行）》。

六、推广价值

近年来，国家电网有限公司、省公司充分重视变电站消防安全管理，把消防安全问题

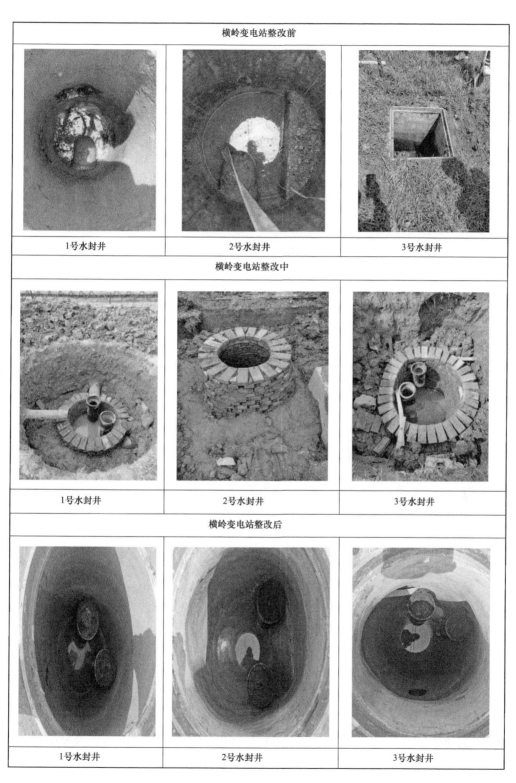

图 2-27 横岭变电站水封井隐患整改前中后对比图

当成工作中的重中之重，变电站事故排油系统作为变电站消防系统的重要组成部分，自然也成为各公司工作重点。国网××供电公司通过制订管理细则、人员专项培训、隐患排查治理、专业运维实施，填补变电站事故排油系统运检精益化管理空白，消除变电站消防管理盲点，发现并消除变电站事故排油系统的隐患，进一步夯实变电站本质安全基础，提升变电站消防及环保专业管控水平，故极具推广价值。

2-8 运维业务智能化提升

一、背景及概述

为深入贯彻国家电网有限公司战略定位，当好国网××供电公司战略落地—打造"先行示范窗口"排头兵，变电运维中心锚定"工作更安全、手段更智能、人员更能动"建设思路，充分整合应用生物图像识取、智能锁控、雷达定位、远程语音对讲、压板空气开关状态监测、嵌入式工作计划短信平台、工作票操作台、巡视机器人、KVM远程桌面等智能系统，打造人员-车辆-门禁-工作计划-作业许可等全业务流绑定、机器远程巡视、作业无死角监管的复合型智能运维体系，考虑到检修业务承接等因素，城北运检站运转效率近乎提升一倍，提质增效与技术赋能成效显著。

二、专业管理目标

1. 运检业务数字化、信息化

全面梳理 26 项运检业务流程，围绕"作业时间、作业人员、作业地点、作业内容"四项关键要素，形成"以计划为引领"的运检业务数字化、信息化体系。一是工作计划派发信息化。工作计划一键式导入系统，综合考虑人员承载力、车辆调度等因素进行人员、工作、计划的匹配绑定，提前一天以短信形式下发到人，确保工作前准备全面到位并且大幅缩减了交接班时间；二是工作票流转办理数字化。满足远程许可条件的工作票均采用数字化票面，通过远程视频确认、语音呼叫等方式办理许可、间断、终结、验收等手续；三是工作结果信息化。全部工作流程、工作结果均形成文字、图片、音频、视频数据保存，方便随时查询、调阅。

2. 安全管控可视化、多元化

目前，变电运检工作的安全管控手段仍以现场管控为主，依靠简单地增加人员、人盯人的管控模式效率低下、难以为继。综合利用视频、雷达、锁控等手段，实现变电站安全管控可视化、多元化。一是安全管控可视化。一方面，进站工作人员必须经人脸识别与工作计划匹配无误后方可进站工作；另一方面，通过各房间小室部署的摄像头可以实时远程观察工作人员作业动态。实现了变电站保安人员和现场专责监护人、安全监察人员的替代。二是安全管控多元化。包括：根据工作内容对电脑钥匙进行锁码授权，工作人员持电脑钥匙仅能打开与其工作相关的房间门；对工作人员进行测距定位，当工作人员位置与工作地点不匹配时能够触发告警；当远程监管人员发现现场违章作业时能够通过语音对讲等方式进行提醒、警告。

3. 现场作业流程化、轨迹化

当前，变电站进出依靠保安纸质化登记，相关记录存在登记人员不全、易灭失等问题。工作历史查询倒追高度依赖两票和工作记录，追溯十分不便。尝试对进出站人员、车辆、时间点、作业内容、工作结果进行流程化关联保存实现现场作业流程化、轨迹化。一是现场作业流程化。进站作业依次履行刷脸进站、车牌抓拍识别（如有）、工作台登陆领取工作任务、工作远程许可、虚拟安全措施布置、电子钥匙授权、现场工作、工作间断手续办理（如有）、工作现场抓拍、工作终结手续办理流程，通过软件流程涉及确保工作流程履行的规范性。二是现场作业轨迹化。所有人员、车辆进出站均会进行抓拍和时间记录，各个工作流程的参与人员、时间、违章抓拍等信息也一并关联记录，能够实现事后追忆时相关信息的一键调取，方便划清安全责任，也能反促工作人员规范工作。

4. 数据统计智能化、自动化

数据分析统计也是变电运检业务一项非常繁重的工作量，包括人员作业工时、两票执行情况、巡视周期核查等内容。传统上，基本依靠人工统计，工作量大且结果不精确。在现场作业轨迹化、流程化的基础上，统计工作即变得非常简单。每月月底（或月初）可一键自动生成人员工作量统计、两票执行统计等结果，并能进行进一步的数据智能分析与挖掘。

三、具体做法

构建了如图 2-28 所示的运检业务流转及现场作业机器替代体系，通过智能系统替代部分运维工作、流转运维业务、进行作业管控。

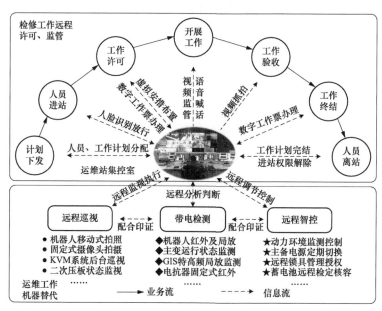

图 2-28　运检业务流转及现场作业机器替代体系架构图

一是日常运维工作的机器替代，涵盖了三个方面：

（1）远程巡视机器替代手段包括机器人移动式拍照、固定式摄像头拍摄、KVM 远程桌面以及二次压板状态监视，能够覆盖并替代设备外观、避雷器泄漏电流及 SF₆ 压力等表计读取、当地后台机异常信号、二次压板状态对位等日常巡视内容。

（2）带电检测机器替代手段包括机器人红外测温及局放检测、主变压器运行状态监测、GIS 特高频局放监测以及电抗器固定式红外测温探头，能够覆盖并替代全站设备的红外测温、主变压器铁芯夹件环流及异常振动、开关柜局放及超声波检测、GIS 特高频局放等带电检测内容，可以实现带电检测数据的远程分析判断。

（3）远程智控机器替代手段包括变电站动力环境监测与控制、照明风机消防等设施的主备电远程切换、远程锁具管理与授权、蓄电池运行状态检定，能够覆盖并实现变电站温湿度的远程调节，灯光、风机、消防、锁具、主备电切换的远程控制以及直流蓄电池运行状态监测（温度、端电压、内阻）、动态核容（远程充放电试验）及蓄电池组开路急救。

二是检修工作许可及作业监管的机器替代。机器替代的实现流程及步骤包括：

（1）工作前一天安排工作计划并下发短信，绑定人员和计划。

（2）进站工作时，生物图像识取系统进行人脸识别（或车牌识别），时间、人员、车辆、计划一致的自动放行。

图 2-29　工作票远程许可

（3）工作许可时，运维人员利用智能锁控系统、雷达定位系统远程布置虚拟安措，并与工作负责人远程办理工作许可手续，如图 2-29 所示。

（4）工作时，工作班成员在许可的工作空间内开展工作，出现不佩戴安全帽、擅自超越作业范围等违章将触发视频图像抓拍、雷达定位告警、压板空气开关状态监测报错，运维站集控室能够实时接收告警信息和现场画面，可利用远程语音系统提醒现场科学文明施工。

（5）工作结束后，视频系统对现场进行抓拍，确认场地已清理、工作已结束后，运维人员通过工作票操作台远程办理工作终结手续。

四、取得成效

上述运检业务流转及现场作业机器替代体系已在国网××供电公司城北运检站部署并成功投入使用。一方面，日常运维工作的机器替代大幅降低了人工劳动强度，节省了大量人工巡视时间和车辆使用，能够将运维人员从繁重的重复性工作中解放出来，有更多的时间和精力去应对事故紧急抢修、专业化排查等突发状况与专业性工作。同时，机器作业的数据精度及一致性水平高，有助于完成海量设备运检数据的原始积累，为设备主人深入分析设备状态打下坚实的基础。另一方面，完成了变电站检修工作管控由点对点向点对面转变的泛在创新，对于无需停电的第二种工作票的业务办理，运维人员可在集控室内远程办理，减少了运维人员行车时间和工作人员的等待时间，大幅提升工作效率，并且革除了传统人盯人的管控模式、减轻了传统安全措施布置的工作强度，安全真正实现作业全方位无死角远程督管。系统应用成效如表 2-3 所示。

表 2-3　　　　　　　　　　　人工运维与机器替代效果对比

模式	车辆需求	业务办理效率	平均每张工作票办理时长	工作人员现场等待时间
人工运维	2 人/辆	2 人每天巡视 4~5 个变电（2 个全面巡视，2~3 个例行巡视）	—	—
机器替代	0 辆	1 人可以实现 10 座以上变电站的远程巡视、远程带电检测控制分析等	—	—
当面许可	1 辆	每人每天最多约办理 2~3 张工作票	约 45min	30min 以上
机器替代	0 辆	1 人即可办理当天所有非停电第二种工作票	约 8min	0min

五、评估与改进

运检业务流转及现场作业机器替代体系仍处于建设、完善之中。目前主要实现了例行巡视、非停电工作票许可、安全作业监管等部分日常运检业务的机器替代，对于全面巡视、特殊巡视、专业排查、倒闸操作、停电工作票远程许可等工作尚无法完全替代。后续，将积极研发、部署系统的多元应用。比如打通数据分区的物理壁垒后实现与智能压板系统、防误管理系统的打通联动，实现少人甚至单人倒闸操作；研究变电站无线组网策略，与 VR、AR 技术的融合应用，实现专家远程在线的分析与指导等。

六、推广价值

国网××供电公司城北运检站共计辖管 31 座变电站（8 座 220kV 变电站，23 座 110kV 变电站），目前已有 15 座变电站（3 座 220kV 变电站，12 座 110kV 变电站）部署了运检业务流转及现场作业机器替代体系并成功投入使用，剩余 16 座变电站部署了部分功能，正在持续建设之中。根据城北运检站的运行经验进行初步评估，运检业务高效流转及现场安全作业机器替代体系推广至少具有以下三个方面的显著价值：

1. 鲜明的价值导向

2020 年 9 月 1 日，国家电网公有司召开 2020 年科技创新大会提出要发扬基层首创精神，注重以先进技术改造传统业务，全力解决生产经营实际问题，推进产业升级。运检业务流转及现场作业机器替代体系使得变电运检专业摆脱了单纯依靠劳动力叠加保障生产的被动局面，得以把人才从繁重的简单重复性工作中解脱出来从事应急抢险、专业分析等工作，有利于促进变电运检专业的提质增效和转型升级，代表了变电运检越来越智能的发展方向。

2. 显著的经济效益

运检业务流转及现场作业机器替代体系能够大幅提升人员的单位生产率，以国网××供电公司为例进行保守估计，人员单位生产率近乎翻番，接近300万元/（人·年）。另外，例行巡视、带电检测、非停电工作票许可无需出车，工程车总出车次数降低60％以上，每年节省的油费、车辆保养及维修等费用数百万元。目前，本文介绍的运检业务流转及现场作业机器替代体系集成的各种智能设施均已有研发成熟的配套产品，110kV、220kV变电站的系统建设一次性投入成本分别不超过150万元、230万元，经济效益显著。

3. 积极的社会效益

例行巡视、带电检测、非停电工作票许可在传统的人工执行方式下出车多集中在早晚高峰，实现机器替代之后，工程车出车量显著减少有助于城市堵车及环保治理。杭州市区范围内变电运检工程车每天早晚高峰出行减少约300车次，年度碳排放量减少约80t。另外，运检业务流转及现场作业机器替代体系建设需要网络技术、自动化技术以及各类传感器、摄像头等硬件的支撑，能够带动相关产业的进步与发展。

运检业务流转及现场作业机器替代体系已在电网安全、高效作业领域初露锋芒，对于石油、化工等安全生产要求较高的劳动密集型产业也存在广阔的复制、推广、应用空间。同时，运检业务流转及现场作业机器替代体系仍在不断发展完善，未来将融合北斗定位、5G等先进技术，努力拓展高铁、银行等公共服务业应用场景，制定多样化销售模式，满足定制化产品需求，引领安全管控市场。

第三篇

运检融合典型经验

3-1 深化运检合一，实践运维班升级运检班

一、背景及概述

通过对当前运检专业现状的深度分析，变电运检专业发展面临人力资源短缺和业务精益化要求提升两大问题。在人力资源方面，目前国网浙江省电力有限公司××供电公司的变电运维人员数量与所辖变电站数的比值为 0.66，低于 0.67 的全省平均水平，人均作业量也高于平均值；在变电精益化管控需求方面，变电运维、检修专业之间界限过于清晰，导致运检业务执行时配合不协调，工作配合效率低；其次，变电设备主人工作陷入瓶颈，运维"一元化"设备主人，在设备监管上的盲区易导致设备入网健康度下降。

为此，国网浙江省电力有限公司××供电公司以全面深化落实设备主人制工作要求为目标，开展运维检修管理提质增效。通过建立标准化运检班模型并形成典型方案，实践"运维班"转型"运检班"，推动运维、检修专业"协同优化"，之后"深化互通"，直至"体系化融合"，进一步优化变电专业人力资源优化配置，促进变电业务提质增效。变电运检焦点问题解决思路如图 3-1 所示。

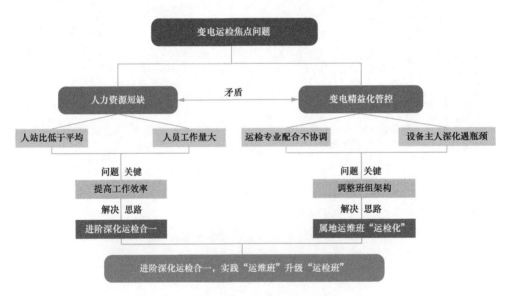

图 3-1 变电运检焦点问题解决思路

按照国网浙江省电力有限公司××供电公司秀西变电运检中心《有序推进"运检合一"三年规划》战略计划，现阶段专业管理的目标为推进运检体系融合，开拓新的领域，发展新的"变电运检专业"。

变电运检专业的主要定位为设备运检的"全科"医生，以"变电运检班"为载体，主要通过"运维班"转型升级而来。相对而言，专业从事检修业务的人员，定位为设备检修

的"专科医生"，需要大型工器具进行作业，从事设备综合检修、大修、技改等工程项目实施，处理设备疑难杂症。

变电运检班的具体建设目标为：在负责常规变电站设备巡视、轮换试验、事故异常第一轮处置、状态评价等传统运维业务基础上，拓展运检一体化业务，开展生产计划编制、检修策略制定、基建及检修过程管控、计划性消缺、单间隔C、D类检修以及运检成本、隐患专题分析等业务，确保设备主人制相关职责有效落地。变电运检班建设目标如图3-2所示。

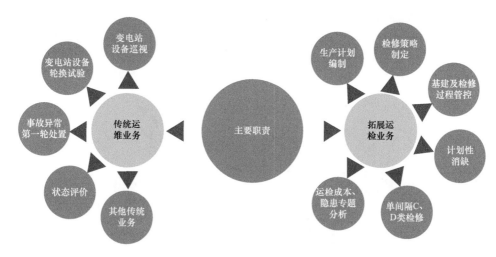

图 3-2 变电运检班建设目标

二、具体做法

"运维班"转型"运检班"的工作是在运检合一实践的基础上，拓展设备主人业务范畴，增加设备主人专业深度，优化设备主人工作模式，"运维班"吸纳部分检修业务，转型"运检班"，实现安全、质量、效率的综合提升。

1. 打造运检精英团队

首先，优选骨干，技能升级，打造"运检合一"设备主人团队。通过工程实践，攻坚克难，平衡班组区域化忙闲不均。与此同时，通过定向育苗，培养了真正具备实践能力的"一岗多能"专业队伍（见图3-3）。

2. 形成标准化升级方案

完善运检班标准模型（见图3-4～图3-7），一是划定标准化运检班的规模，明确运维班的人员配置标准和业务范围，重点制定运检岗位的职责和要求；二是打通运维检修人员资质，建立匹配运检班专业融合后的星级评定机制以及绩效匹配方案；三是优化值班模式，实践1+N的值班模式，并同步优化应急响应方式。

3. 催化运维专业升级

择优向运维班注入"一岗多能"人员，在运维专业基础上，拓展小、散检修业务，促成运维骨干转运检岗位，明确运检专业定位和业务范围，激活运维班组活力，催化"运维"转型升级为"运检"专业，如图 3-8 所示。

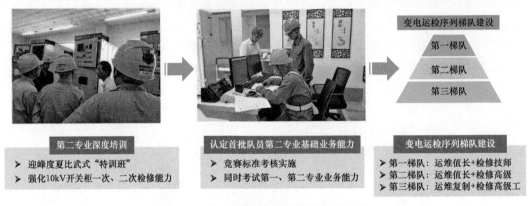

图 3-3 "一岗多能"专业队伍培养模式

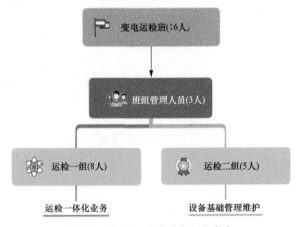

图 3-4 变电运检班内部组织构架

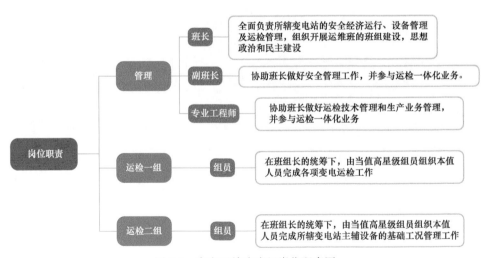

图 3-5 变电运检班班组岗位职责图

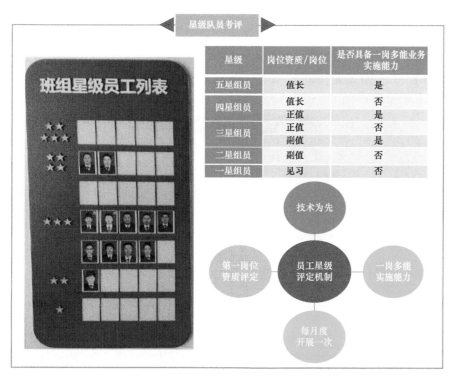

图 3-6　变电运检班星级队员考评机制

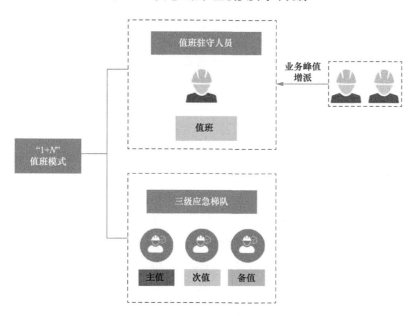

图 3-7　变电运检班"1+N"值班模式

4. 检修进入专科形态

专业检修班组从零散的小作业面中解放出来，全力负责大中型检修现场业务的实施以及大型事故应急抢修工作，重点面向设备实施大型体检和疑难杂症，如图 3-9 所示。

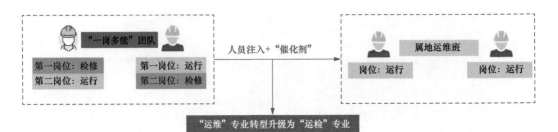

图 3-8 "一岗多能"团队催化运维专业升级

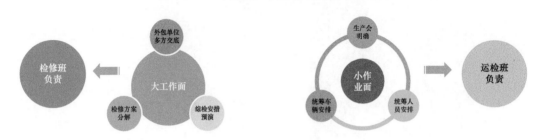

图 3-9 检修业务界面分工图

三、取得成效

1. 提升人员利用效率

通过运维班转型运检班,进一步使变电业务人力资源合理分配,运维人员拓展消缺和低风险检修,检修专业深化提升,利于调动人员积极性,发挥运检合一机制提质增效功能。在值班模式上,实行"1+N",平均有效在岗率提升21%,同样人数发挥效益进一步提高。

此外,综合检修工作模式方面,通过开展生产作业前端的运检协同两票准备、现场踏勘等工作,生产作业末端的运检协同验收,成效较为明显。在2018年12月民谊变电站综合检修期间,无法实现全部检修和操作的日间完成。而通过改进,在2019年5月青石变电站综合检修时全部实现日间操作、日间检修(见图3-10和图3-11),人力资源大幅节约,工作效率明显提高。

2. 突破业务能力瓶颈

新的属地化运检班突破了原运维、检修单专业的局限性,真正成为设备全寿命周期管理的落实机构和责任主体,全面开展运维、检修、检测、评价、验收等设备全寿命周期管控业务,增强设备主人在设备全寿命周期管理各环节中的主动权和话语权。在消除缺陷方面,运检人员"一车两人"的自主消缺模式替代了原本"两车三人"的协同消缺模式,运检班自主消缺占比约55%。综合检修能力显著增强,解决了之前由于检修力量不足造成的设备普遍超期检修问题,如图3-12和图3-13所示。

3. 形成高效的运检协作生态

首先,在生产工作前端提高计划统筹的科学性和前瞻性。生产计划编制以"一站一库"为蓝本。在设备全寿命周期的"运行维护"阶段，即综合检修工程中，开展施工前的多专业联合踏勘和检修方案共审。

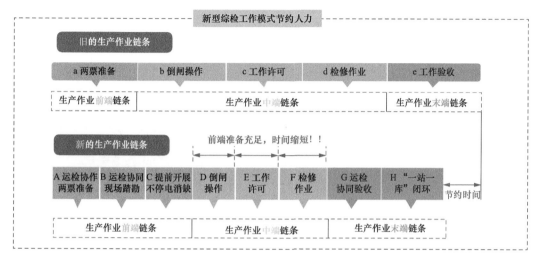

图 3-10 新旧综合检修模式对比

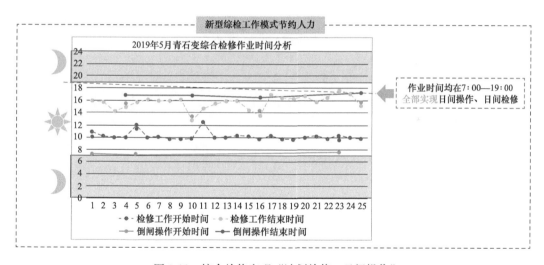

图 3-11 综合检修实现"计划检修、日间操作"

其次，在生产工作末端保证设备工况的健康性和实时性。在设备全寿命周期的"基建运维"阶段首创性建立"一站一库"，形成设备入网前的"出生档案"，提前暴露并解决施工缺陷及设备隐患，推动设备隐患治理关口前移，避免投产后的运检人力资源浪费。以220kV禾城变电站整站改造工程中，共发现问题 119 项，推动投产前闭环 113 项，其余 6 项均由相关单位出具说明函，验收时间较同类变电站投产缩短 20％，如图 3-14 所示。

四、评估与改进

现阶段"运维班"转型"运检班"仅处于试点推行阶段，仅完成一个运维班的转型升级工作，仍需巩固基础、不断总结、继续推进，完善标准化运检班实施方案，按照规划每年推进一个运维班转型为运检班，并在三年内完成全部运维班转型升级。

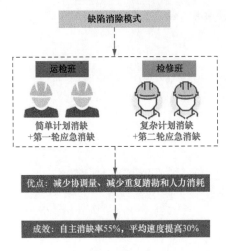

图 3-12　新旧消缺模式对比

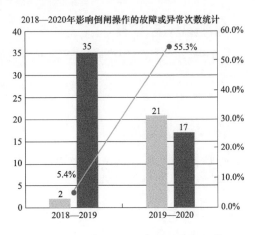

2018—2020年影响倒闸操作的故障或异常次数统计

图 3-13　2018～2020年影响倒闸操作的故障或异常处理情况对比

图 3-14　运检协作建立精益化管理模式

此外，变电运检工作模式优化还有很大空间，重点基于用户对可靠供电需求、运检体系优化来保障设备稳定运行、现有运检管理问题阻碍效率效益发挥等三个方面。通过对现有生产管理体系的"生产关系"进行优化调整，对现有"生产力"挖掘潜力、提升水平，以"运检合一"为突破口与抓手，从而构建精益、高效的生产管理体系，提升人员技术技能，保障设备本质安全、提高效率效益。

五、推广价值

本次实践是基于对当前运检专业现状的深度分析，重点考量人力资源紧缺、业务精益化要求等因素，制定了运检、运维、检修专业的发展定位，科学评估之后制定了《标准化运检班建设方案》，前期确立模型，充分考虑了成果推广的因素，发挥运维班转型运检班的规模效应。

中心通过成立 220kV 嘉禾变电运检班的实践探索，验证了方案的可行性和时间节点布置的正确性，经验的成熟度也不断提高，实践证明，我们的经验可复制性强，具备较强的推广价值。

3-2　运检一体化成效指数设计

一、背景及概述

随着国家电网公司运检一体化建设进入推广阶段，为加快运检一体化作业模式的复制和推广，实现人力资源效率最优化，提高运检人员业务水平，及时发现并解决运检管理流程中存在的问题，促进设备管理日常运检工作的有序高效开展，采用量化的方法，建立一套运检一体化成效评价指数。以该指数作为评价运检一体化工作效果的重要参考和依据，对于运检一体化模式的深入开展将具有重要指导意义。

二、专业管理的目标描述

运检一体化成效指数的建立及应用主要采用量化的方法。从感性评价和局部评价上升到理性评价和全面评价，通过分析运检一体化业务中的核心数据和关键作业面，提炼评价运检一体化推广和复制成效的指标，达到对运检一体化工作的评价，针对性地发现问题和解决问题。

三、具体做法

根据前期运检一体化实践经验，建立运检一体化成效指数，从以下三个方面展开。

1. 运检成本下降率

从经济成本体现运检班组融合成效，同等规模变电站的运检成本多少是最直接的体现。该指标将通过运检一体化模式下人均管辖变电站、运检设备数量、运检业务量体现。

（1）人均管辖变电站。人均管辖变电站越多，越能体现人力资源的利用率。计算公式为

人均管辖变电站＝运检班管辖变电站数量/运检班总人数

（2）人均运检设备数。人均运检设备数越多，证明维修一台设备所需人力越少，维修成本越低。设备可选取变电站主要的典型设备分类统计。计算公式为

人均运检设备数＝运检班运维的某类设备数量/运检班总人数

（3）人均运检业务数。人均运检业务量越多，证明同一业务所需人力越少，人工费用越少。业务可选取变电站一定周期内主要的典型业务分类统计。计算公式为

人均运检业务数＝运检班某类主要业务数量/运检班总人数

2. 设备可靠提升率

设备可靠提升率代表运检班组对供电可靠性的贡献情况，通过同类作业中同类设备停运时间、检修衔接时间来体现。

设备停运时间同样是外界对供电可靠性评价的一个重要方面，是保障供电可靠性的重要因素，且一直是供电系统关注的焦点。目前有相对成熟的统计数据。

（1）设备平均计划停运减少时间。将运检计划工作按单间隔消缺、单间隔投产、一定规模的技改项目、一定规模的大修项目等进行分类，取一定周期内，同等条件下，运检一体化模式下某类计划工作设备停运时间与常规模式下设备停运时间的对比。计算公式为

运检班设备平均计划停运减少时间＝常规模式设备平均计划停运时间－运检班设备平均计划停运时间

（2）设备平均非计划停运减少时间。除正常计划作业外，非计划情况下的作业停运时间是设备可靠性的另一个直观体现。运检一体化模式下设备非计划停运时间与常规模式下设备非计划停运时间的对比，是证明运检一体化优势的有效依据。计算公式为

运检班设备平均非计划停运减少时间＝常规模式设备平均非计划停运时间－运检班设备平均非计划停运时间

（3）设备检修平均衔接减少时间。运检一体化模式下，运维、检修业务交界面的重复部分得到优化，且运维检修作业中的等待时间缩短为零，极大地提高了作业效率，减少了设备的停运时间，提高了设备的可靠性。

可将业务同样按种类划分，分别计算一定周期内某类作业的平均衔接节省时间。

计算公式为

运检班设备检修平均衔接减少时间＝常规模式设备检修平均衔接时间－运检班设备检修平均衔接时间

3. 设备健康提升率

结合运检一体化模式下的设备主人制综合评价，设备健康提升率是反映设备运行状况的指标，设备健康水平通过设备缺陷存量、消缺周期时间体现，缺陷存量越少，消缺周期越短，设备健康水平越高。

（1）缺陷平均存量。以变电站为单位的现存缺陷总数，整体缺陷数量的多少，体现了设备的整体健康水平（变电站数量可将 220kV 和 35kV 站统一折算成 110kV 站计算）。计算公式为

运检班缺陷平均存量＝运检班缺陷存量/运检班变电站数量

（2）缺陷平均消缺周期。缺陷存在周期越短，对设备损伤程度越少，一定程度上提升了设备健康水平，延长了设备整体寿命周期。计算公式为

运检班缺陷平均消缺周期＝运检班缺陷消缺周期总长/运检班缺陷数量

四、取得成效

量化成效指数，以某供电公司城区变电运检班数据为例，选取成效指数部分指标进行

分析：

（1）城区运检班管辖的变电站由 2016 年的 24 座升至 2019 年底的 29 座，人员 36 人，人均运检设备数也相应上升。

（2）人均年度操作票执行步数和工作票执行份数两项数据都有较大提升，两项指标能较好地人均运检业务量的变化，较好地反应运检一体化的成效。

（3）经统计，近两个月运检一体化模式下工作衔接时间平均为 23.3min（除去省调间隔，运检班工作衔接时间平均为 11.8min），而传统运维检修模式下工作衔接时间平均为 37.3min，对比可知，运检一体化模式使作业流程衔接时间平均缩短 14min。

（4）统计城区变电运检班 2018 年 8 月、2019 年 8 月、2020 年 8 月的缺陷存量随着运检一体化的深入开展，班组缺陷存量显著减少。

通过对以上指标的量化处理和对数据的统计分析，从多个维度丰富和充实了运检一体化成效指数，并以此为运检一体化复制和推广的参考模型，有助于发现并解决运检管理流程中存在的问题，助力运检一体化的更好发展。

五、评估与改进

运检一体化成效指数能较好地对运检一体化工作成效进行评价，评价体系和评价方法有比较好的严谨性。

在今后执行和推广的过程中，通过对运检一体化海量数据的收集和分析，对运检一体化成效指数中的指标进行进一步优化，根据运检一体化发展的实际情况进行动态调整。以期该指数能真实客观地反映运检一体化的成效。

六、推广价值

采用量化的方法，建立运检一体化成效指数，以该指数作为评价运检一体化成效的重要参考和依据，有利于：

（1）实现人力资源效率最优化配置。

（2）提高运检人员业务水平。

（3）发现并解决运检管理流程中存在的问题。

（4）促进运检设备管理日常运检工作的有序高效开展。

运检一体化成效指数的推广和应用对于运检一体化模式的深入开展将具有重要指导意义。

3-3 基于移动作业的运检模式变革

一、背景及概述

《国家电网公司变电五项通用管理规定及细则》对设备定期巡视、缺陷跟踪管理做出了细致、详尽的规定，对变电运维作业效率和工作水平提出了更高的要求。然而，当前设备巡视维护方式仍主要以手持纸质作业卡边巡视边填写的方式进行，工作效率低且需将数据重复录入各类系统。工作票制度、工作许可制度是保证电气设备上安全工作的组织措施，工作许可目前仍主要以工作许可人与工作负责人持纸质工作票当面办理的传统方式进行，工作许可耗时长，双方人员因时间安排不合理而互相等待的状况时有发生。随着近年电网规模的进一步扩大，传统运检模式与安全高效的作业需求间的矛盾日益突出。为推动变电运检工作业态革新，创新构建了基于"大云物移智链"等先进技术的移动作业运检模式，围绕移动巡检、统一管控两个方面实现运检全过程管控，通过推广移动运检平台，让"数据流"和"信息流"跑起来，实现信息集中化、设备可控化、巡视无纸化。

二、具体做法

移动作业 App 系统主要由数字化工作票模块、运维作业模块、缺陷管理模块等构成，减少了设备运维巡视、缺陷跟踪管理方面的重复工作，加强远程工作许可的流程管控、人员管控、作业区域管控力度。

1. 技术创新

（1）作业流程管控：数字工作票远程许可。

数字化工作票远程工作许可系统通过接入运检生产管理系统（PMS），实现了作业流程贯通——主站与子站的工作票可在线传输、审核、许可与终结，同时工作记录在线审核，对远程工作许可流程进行管控。远程工作许可避免了运维、检修双方人员无效等待情况的发生，同时，检修结果记录实时推送至 PMS 系统，无需人工录入和流程闭环，工作效率显著提高。

（2）作业人员身份管控：人员身份智能认证。

结合安全监察部门发布的相关资质名单以及工作票内工作人员名单，通过人像识别技术实现对进站作业人员身份的有效认证与管控。防止现场特种作业人员无证上岗、防止无资质人员进行工作、防止未经许可的人员进入变电站。改变了以往安保人员向主站值班人员报告人员来访、主站值班人员手动搜索人员资质名单进行层层确认的方式，人员身份认证确认速度更快、准确率更高，同时可减少安保人员的人力资源投入，减少用工成本。

（3）作业区域管控：作业范围强制管理。

作业范围强制管理是指在多电气间隔的小室或同一平面场所中通过锁具授权控制等手段把作业人员限定在合理、安全的作业区域内，其主要技术分为两部分：作业人员在空间场所中的定位和安全作业区域的布控。

在远程许可工作过程中，全面掌控工作负责人此次工作范围，预先授权对应设备（间隔）锁控系统，指定作业的范围，杜绝超越工作范围的危险情况。实现了电话许可工作由单一组织措施管控向组织措施与技术措施相结合的双重化保障的转变，提高了电话许可工作的现场管控力度和工作效率。

2. 管理创新

（1）细致推动培训应用。

移动作业 App 上线后编制使用手册，并对各类使用人员进行应用培训，建立移动作业 App 应用、讨论、答疑微信群，并邀请技术、开发人员实时解答。每月定期开展移动作业 App 应用问题反馈钉钉会议。多效并举，移动作业 App 使用的便捷性、稳定性、安全性不断提升。

终端管理工作遵循"统一管理、分级负责"原则，建立统一的设备管理体系及业务流程，加强分级管理，明确分工，落实责任，持续推进变电运检移动作业运维模块推广应用。

（2）完善制度匹配建设。

国网××供电公司以《国家电网公司变电运维管理规定》为基础，结合移动作业工作实际需求，编制了以下工作通知及文件来指导、服务移动作业 App 的深度应用：

《国网浙江省电力有限公司变电运检移动终端领用和使用管理规定（试行）》；

《杭州供电公司变电移动终端巡检作业单轨制实施指导意见》；

国网浙江省电力有限公司关于印发《国网浙江省电力有限公司移动作业终端管理办法（试行）》等 2 项规章制度（浙电规〔2019〕23 号）；

《工作联系单-关于规范移动作业终端入网、退役及销毁流程的事宜》；

《变电站移动终端巡检作业单轨制申报单》；

《国网××供电公司运检专业移动终端应用推进会会议纪要》。

三、取得成效

目前，移动作业 App 已在国网××供电公司范围内全面推广使用，并在运维巡视、远程工作许可、缺陷填报等方面实现了对传统作业模式的全面替代。据统计 2019 年 1～12 月，移动作业运检系统对变电站内 1326 项运检工作进行安全管控，累计发出违章告警提醒 325 条，及早发现并遏制无意识超越作业范围等重大安全隐患，避免了人身伤亡、设备损坏、电网事故的发生。

据 2019 年的统计数据，国网××供电公司变电部门拥有保安人员 762 人，人均劳务费用约 5 万元/年，若采用智能人员认证功能识别进站人员身份，将减少保安人员劳务投入 762×5 万元/年＝3810 万元/年。

2019 年国网××供电公司二种工作票任务 18379 项，通过移动作业 App 系统许可、终结工作，每项工作可减少检修、运维双方等待时间约 0.5h，节约 PMS 流程操作时间 3min。以每项工作任务平均需检修人员 2 人、运维人员 2 人，运维、检修人员平均劳务用工成本 200 元/h 计算，可节约人力资源投入 18379 项×[0.5×（2＋2）＋3/60]h/项×200 元/h＝753.5 万元。

除了显著的社会效益、经济效益，移动作业 App 还提升了缺陷填报的便捷性，有效提升了缺陷管理水平、提高了运检工作效率。

四、推广价值

移动作业巡检 App 的实施可以实现作业现场安全管控、规范管理、预警提醒,提高运维检修工作效率。大幅度降低因作业管控不到位、设备环境突发异常等原因造成设备停电、负荷损失和财产损失,有助于减少停电时间、提高供电可靠性、提升用户服务水平。

在移动终端业务管控方面,公司明确管理职责,建立终端领用、使用、维护、报废等全寿命流程管理。在技术支持方面,建立 PMS2.0 与移动作业端联动机制,运维作业人员培训锻炼机制和定期座谈交流协调对接机制。在移动巡视作业方面,实现巡视无纸化、信息集中化、流程简约化。基于移动终端作业的运检模式变革,符合电网发展的需要,符合运行模式发展的需要,符合变电站精益化管理的需要,在行业内具有一定的推广价值。